歴史文化ライブラリー

401

日本酒の近現代史

酒造地の誕生

鈴木芳行

吉川弘文館

目次

いつから〝日本酒〟というようになったのか？——プロローグ

〝日本酒〟の呼び名と通り名

〝日本酒〟という呼び名が生まれたのは、江戸時代の終わりから明治はじめごろである。江戸幕府がそれまでの海外渡航を禁止し外交・貿易を制限する、いわゆる鎖国政策を廃止し「開国」して、まもなく横浜などを開港、貿易が始まり、日本の酒が商品として輸出され、国外に知られるようになってからのことである。

安政六年（一八五九）に貿易を開始して以来、日本からは生糸や茶の主要品だけでなく、陶器やパナマ帽子などの原料となる麦稈《ばっかん》など、さまざまな物産が輸出されるようになり、日本の酒もそのひとつであった。しかし、このころの大帝国イギリスでは、日本からの酒は関税率が低い醸造酒格ではなく、高率な蒸留酒と同格に取り扱ったところから、値段は高価であった。これは日本の酒が蒸留酒並みの高い揮発性をもったためで、醸造酒を理解しないイギリス税関の無関心より生じたのであるから、イギリス政府に日本の酒が醸造酒であることを訴え、低率の醸造酒格に降格するよう勧告し、酒価の下がることで輸出をより盛大にすべきである、とする提案がなされた。

この降格提案者は、内務省の博物館事業に協力するため明治九年（一八七六）に来日した、イギリスの工業デザイナー、クリストファー・ドレッサーである。ドレッサーの提案は翻訳され、筆録されて、翌一〇年に内務省二等属の博物局掛《はくぶつきょくがかり》石田為武《いしだためたけ》により、公刊された。このとき、日本の酒は、〝日本酒〟と訳出された。これが、確認できる日本酒の呼び名の初例とみられる（石田為武筆録『英国ドクトル・ドレッセル同行報告書』）。

日本酒は、カビの一種の麹菌《こうじきん》という微生物の働きを元手に造るが、麹菌の微生物学研究が醸造学である。明治の文明開化において、近代文明の伝道師役を担ったのは、お雇い外国人である。日本の近代醸造学の端緒を開いたのも、明治七年にコウジカビの分離に成功したアールブルグ、一七年に、このコウジカビを和名コウジキンとして国際的に知らしめたコルシェルト、一〇年に、日本酒の成分分析をはじめて行なったエドワード・キンチ、一四年に、国内ではじめて醸造酒の科学的分析書『日本醸酒篇』を著したアトキンソンなど、すべてお雇い外国人の科学者であった（『日本の酒の歴史』など）。

明治一七年、日本の殖産興業をすすめる農商務省は、酒造先進地の伊丹《いたみ》や西宮《にしのみや》の酒を精査、分析し、その結果は『日本酒醸造法』として、政府の広報誌に相当する「官報」に載せた。『日本酒醸造法』の公表はもちろん、殖産興業施策に資するためだが、その分析内容はお雇い外国人科学者による醸造学の成果に満ちていた（弾舜平『傍訓註解日本酒醸造法』）。

これらの例からもわかるように、〝日本酒〟の呼び名は日本で造られる醸造酒を欧米人が国内外に伝えるときに、その名が起きたのである。それはまた、米と麴と水のみで造る日本酒が、当時、欧米人にもとても魅惑的で、好奇心を惹く酒だった明証でもある。

しかし、〝日本酒〟の通り名は、いまもむかしも酒、お酒であり、近代に入っては清酒《せいしゅ》であり、〝日本酒〟が通り名となるのは、アジア太平洋戦争後の東京オリンピックのころからであろう。

昭和三九年（一九六四）に、発酵・醸造研究の世界的権威として知られ、東京大学応用微生物研究所初代所長でもあった坂口謹一郎《さかぐちきんいちろう》は、世界の民族はすべからくその民族独自の酒をもち、日本酒こそ日本民族の酒であるとし、日本酒の歴史と日本酒がもつ文化的な特質を『日本の酒』で世評に問うた。すでにそれ以前、林春隆『日本の酒』（昭和一七年）、住江金之『日本の酒』（同三七年）など同名の刊行書もあったが、ちょうど、日本民族の力を世界に示す東京オリンピックの高揚感にも押し上げられたのであろうか、あるいは高度経済成長の好況感にも盛り上げられたのであろうか、坂口の『日本の酒』は数多くの読者を得て、よく読まれた。このころから、日本酒が通り名となった印象を受けるのは、私だけではないであろう。

本書の目的

現在、日本国内には経営規模を異にする日本酒の生産者が多数存在し、その酒造業構造は、わずかの大企業と多数の小企業からなり、わずかな大企業の生産量は突出して多く、また、地方には多数の大中小酒造地が散在する。さらに、これら酒造地に散在する酒造家は、創業一〇〇年以上と高い老舗《しにせ》度合いの者が圧倒的で、幕末・維新の政治大変動期に創業年をもつ者が最も多数である。

くわしくは、本文で述べていくことにするが、多くの酒造家にみられるこの老舗度合いの高さは、幕末・明治維新以来、明治・大正・昭和・平成の各時代に生起した、政治的・経済的・社会的な激変、酒税や酒類制度のたび重なる改変、日本酒需要の浮沈、酒が腐ってしまう腐造問題、杜氏《とうじ》や従業員などの酒造労働者不足など、さまざまな難題を乗り越えて保持されているものである。

そして、この近代から現代一五〇年ほどのあいだに、日本酒づくりそのものには、冬季の酒造に限る寒造《かんづく》りから、一年とおして酒造する四季醸造、あるいは秋から春の三季を通じ日本酒を造る三季醸造へ、酒造の技術的な担い手である杜氏のカンによる手造り一辺倒から、醸造学の進歩など科学的な成果を吸収し、かつ機械力を導入した科学的・機械造りへと、大きく転換した。

こうした日本酒づくりの大転換は、寒造りに適合的であった酒税の造石課税《ぞうこくかぜい》から、酒質《しゅしつ》の上質さを重視する酒質課税に結びつくが、その結節点は、アジア太平洋戦争中の昭和一八年（一九四三）に導入された「級別制度」であり、そのさらなる内じつの進展は、平成二年（一九九〇）に導入の「特定名称酒制度」に求められる。

本書の目的は、まず前近代については、平安時代中期から室町時代末期にかけての僧坊《そうぼう》酒《しゅ》と、戦国後期の最も上質な酒として知られた南都諸白《なんともろはく》、江戸時代前期にあって酒市場をおさえていた伊丹諸白《いたみもろはく》、そして灘酒《なだざけ》にいたり完成する寒造りと、灘の高級酒づくりについて、それらの成立過程を考えてみたいと思っている。ついで、近代から現代にかけては、日本酒の手造りから科学的・機械造りへの大転換、酒税の間接税化、さらに、寒造りに適合的な造石課税の導入から酒質課税への転換、酒質課税の級別制度から特定名称酒制度への進転、わずかな大企業と多数な小企業の存在からなる酒造業構造の成立時期とその内じつの変容、などを論証しながら、日本酒造地がどのように形成され、展開していったのか、〝日本酒〟をキーワードに、日本近現代史の一端を描くことができればと思う。

なお、本書が参照した主な文献や史料は、巻末に一覧として掲げ、文中の引用は最小限にとどめたが、近代を中心にして、酒類の統計数値、酒税法令、酒類行政の執行、収税機構の変遷などの論述や引用については、とくに断らない限り、国税庁税務大学校税務情報センター租税史料室『酒税関係史料集Ⅰ明治時代』、および『酒税関係史料集Ⅱ大正時代から昭和終戦直後』による。引用文には読みやすくするため、若干の加筆があることをあらかじめお断りしておく。

日本酒造地の誕生

現在の酒造業

酒造家の規模

現在、日本酒の生産に従事する酒造家は、資本金と従業員の規模により、大企業と中小企業、個人経営の三つに区分される。最近の調査によれば、平成二三年度（二〇一一）に、実際に日本酒づくりに従事する酒造家は、全国で一五三〇場が確認できる。これを規模別に示すと、つぎのようになる（国税庁「清酒製造業の概況」平成二四年度調査分）。

（規　模）	（場数）
大企業（資本金三億円超従業員三〇〇人超）	五
中企業（資本金三億円超従業員三〇〇人以下、三億円以下三〇〇人超）	九
小企業（資本金三億円以下従業員三〇〇人以下）	一四三四

個人経営	八二
（総　計）	一五三〇

大企業はごくわずかにすぎず、小企業が圧倒的だ。しかし、このわずかな大企業と多数な小企業の存在からなる酒造業構造こそ、農村加工業の発展を基礎に形成された日本酒造業の歴史的特質、といわれているものである。

生産設備能力による三区分

現在の日本酒づくりは、生産設備の能力を基準にして、つぎのように四《し》季《き》蔵《ぐら》と三《さん》季《き》蔵《ぐら》、冬《とう》季《き》蔵《ぐら》の三つに区分される。

四季蔵…年間三〇〇日以上の期間、清酒を醸造する設備を有するもの

三季蔵…年間二〇〇日以上三〇〇日未満の期間、清酒を醸造する設備を有するもの

冬季蔵…四季蔵および三季蔵に該当しないもの

これらのうち、四季蔵は冷却装置などの大規模な設備を有し、一年とおして日本酒を造る能力のある酒蔵をさし、このような日本酒づくりは四《し》季《き》醸造《じょうぞう》というが、その技術的な主体は近代的な科学知識やコンピュータ技能をもつ酒造技術者である。

三季蔵は、四季蔵に劣らない冷却装置などの大規模設備を有し、酷暑の続く雑菌が繁殖しやすい夏場は酒造装置の稼働を止め、秋から春の三季を通じ日本酒を造る能力のある酒蔵である。三季蔵の日本酒づくりは三《さん》季《き》醸造《じょうぞう》というが、造り手はこれも四季醸造と同様、

近代的な酒造技術者が中心をしめる。

冬季蔵は、寒造《かんづく》りの酒蔵をさす。寒造りは、江戸時代（近世）からの長い伝統を有し、四季醸造が台頭する昭和三〇年代半ばまでは、日本酒づくりの主流であった。

日本酒づくりは、酵母菌などの働きに大きく依存する醸造業である。しかし、自然界には酵母菌などに害をおよぼす雑菌もたくさん生息するから、菌類の働きが鈍くなる冬季を選ぶことは、安全な酒づくりにつながる。寒造りは、日本酒の技術的な造り手をさす杜氏《とうじ》が、酵母菌と腐敗菌との競合をできるだけ避けるため、冬季に酒蔵にこもり、日本酒づくりに従事するという特色がある。

ただし、冬季蔵も近年はずいぶん機械化が進んだところから、機械を重視する場合は機《き》械造《かいづく》り、酒造工程の重要な部分で杜氏の技術を重視する場合には、手造《てづく》りなどの呼び名がある。

四季蔵や三季蔵の冷却装置は、寒造りの環境を人工的に設備して、日本酒づくりの安全度を高めるためのもので、そのうえで、大量の日本酒を確保するのである。しかし、冷却装置などの設備とその運営には大きな資本を要するわけで、四季蔵や三季蔵の導入が、大企業や資本力のある中小企業に有利なことはいうまでもない。

平成二三年度の能力別にみる全国の企業数とその生産量、生産占有率などは、つぎのようになる。

（能力）	（企業数）	（生産量kℓ）	（生産占有率％）
四季蔵	五七	二三万三八三六	五三・八
三季蔵	一三二	九万六〇六五	二二・一
冬季蔵	一三四一	一〇万四五六一	二四・一
（合計）	一五三〇	四三万四四六二	一〇〇・〇

全国で四季蔵を有するわずか五七の企業が、全国量の過半を超える日本酒を生産し、これに三季蔵の一三二企業の生産量を加えれば、全国量の四分の三にもなる特色がある。

しかも、五七企業の地方別内訳では、第一位が兵庫一二、第二位が宮城・新潟・京都各四、第三位が秋田・山口各三と、兵庫の突出ぶりが目立つ。

また、三季蔵の一三二企業の地方別内訳では、第一位が新潟一八、第二位が福島・埼玉各七、第三位が宮城・岐阜各六と、新潟が抜きん出ている。

これらは、兵庫と新潟に生産能力の高い企業が集まる有力な酒造地のある明証となる。

現在の日本酒造地

現在、都道府県の酒造組合が公開するホームページには、所在地や創業年、酒蔵見学の有無などの項目を設け、管内酒造家の紹介情報が載る。しかし、酒造家の希望によるのであろうか、管内すべての酒造家が網羅されてい

64 広島県東広島市(11)
65 広島県呉市(9)
66 山口県岩国市(6)
67 山口県周南市(7)
68 山口県萩市(9)
69 徳島県徳島市(6)
70 徳島県三好市(5)
71 愛媛県西条市(8)
72 愛媛県松山市(6)
73 愛媛県西予市(5)
74 福岡県久留米市(19)
75 福岡県八女市(6)
76 福岡県みやま市(8)
77 佐賀県佐賀市(6)
78 佐賀県伊万里市(5)
79 佐賀県鹿島市(8)
80 大分県宇佐市(8)
81 大分県臼杵市(5)

図1　現在の日本酒造地図
自治体名に続く（　）は酒造家数

1 青森県弘前市（7）
2 宮城県大崎市（7）
3 秋田県秋田市（6）
4 秋田県大仙市（9）
5 秋田県横手市（5）
6 秋田県湯沢市（6）
7 山形県酒田市（7）
8 山形県鶴岡市（7）
9 福島県二本松市（6）
10 福島県郡山市（6）
11 福島県喜多方市（9）
12 福島県会津若松市(10)
13 茨城県日立市（5）
14 茨城県常陸太田市（5）
15 茨城県石岡市（6）
16 栃木県宇都宮市（5）
17 栃木県小山市（5）
18 群馬県前橋市（5）
19 新潟県新潟市西蒲区（5）
20 新潟県長岡市(18)
21 新潟県上越市(17)
22 新潟県糸魚川市（5）
23 新潟県佐渡市（5）
24 長野県中野市（5）
25 長野県長野市（9）
26 長野県松本市（7）
27 長野県諏訪市（5）
28 長野県上田市（6）
29 長野県佐久市(12)
30 千葉県君津市（6）
31 石川県輪島市（7）
32 石川県白山市（5）
33 石川県小松市（5）
34 福井県福井市(13)
35 岐阜県高山市（7）
36 岐阜県中津川市（5）
37 静岡県静岡市（8）
38 静岡県藤枝市（6）
39 愛知県愛西市（5）
40 三重県四日市市（8）
41 三重県伊賀市（8）
42 三重県津市（6）
43 滋賀県甲賀市（9）
44 滋賀県東近江市（5）
45 滋賀県高島市（5）
46 京都府京都市伏見区(29)
47 京都府京丹後市（8）
48 兵庫県丹波市（5）
49 兵庫県篠山市（5）
50 兵庫県西宮市(12)
51 兵庫県神戸市東灘区(10)
52 兵庫県明石市（7）
53 兵庫県姫路市（9）
54 奈良県奈良市（5）
55 和歌山県和歌山市（5）
56 和歌山県海南市（6）
57 島根県松江市（5）
58 島根県出雲市（5）
59 島根県鹿足郡津和野町（5）
60 岡山県岡山市（6）
61 岡山県赤磐市（5）
62 岡山県倉敷市(20)
63 岡山県浅口市（5）

るわけではないし、紹介情報の項目にはずいぶん記載内容に差異がみとめられる。それでも、これら紹介情報をベースに、各酒造家自身によるホームページの記事、および〝蔵元探訪〟などのウェブサイト記事を加え、検出し得た酒造家は一八八五場となる。国税庁の調査によると、全国の清酒免許数は近年、つぎのように推移している。

平成二二年度（二〇一〇）　一八八六場
平成二三年度（二〇一一）　一八六三場
平成二四年度（二〇一二）　一八三五場

先にみた二三年度の清酒企業は一五三〇場で、同年度の清酒免許数が一八六三場であるから、差し引き三三三場も免許数が上まわる。これは、複数の免許者がひとつの合同企業を経営することから生じる差異でもあるが、酒造免許を所持していながらも、何らかの事情で、生産を休止している酒造家が多数存在していることでもある。

平成二二年度の調査数一八八六場と、ウェブサイトで検出し得た一八八五場は、ほぼ同数ではあるものの、この検出数には休業者はもちろん、二四年度の一八三五場と比べて五〇場も多いことからわかるように、現在では、転業や廃業した酒造家も多数含まれているとみられる。つまり、史料源がまったく異なることに注意が必要だ。

さて、図1の「現在の日本酒造地図」はこの検出数一八八五場のなかから、酒造家が五場以上ある自治体を抽出し、それを酒造家数とともに全国図にプロットした、いわば現在の日本酒造地を示す地図である。

日本酒造地図には全部で八一の自治体を載せるが、このなかから酒造家が一〇場以上の自治体を抽出すると、つぎのようになる。これらが全国でも最も有力な酒造地であるといえるが、大部分はすでに能力別でみた四季蔵や三季蔵の多い府県内に所在している。

福島県会津若松市	一〇場	新潟県長岡市	一八場
新潟県上越市	一七場	長野県佐久市	一二場
福井県福井市	一三場	京都府京都市伏見区	二九場
兵庫県西宮市	一二場	兵庫県神戸市東灘区	一〇場
岡山県倉敷市	二〇場	広島県東広島市	一一場
福岡県久留米市	一九場		

老舗度合いの高い酒造家

老舗《しにせ》とは長期間、何代にもわたり家業を継承し、厚い信用のある経営をさし、長寿なほど老舗度合いは高いといえる。酒造家に老舗度合いの高い者が多いことについては、すでにアジア太平洋戦争中に、企業整備の実施にあたっても、つぎのように強く意識されていた。

清酒製造業者は父祖相伝、数百年来の家業に従事するものあり、または地方的の名望家、資産家など大多数なる状況に顧み、整備実施の完成までには、容易ならざる苦心を要するものあるを予想せらるるをもって、これが事務に関与する官吏は、とくにその言動を懇切かつ慎重にするよう努むること

（『会津酒造史』）

これは昭和一七年（一九四二）一〇月に通達された「清酒製造業企業整備ニ関スル件」の一項で、企業整備の事務に従事する税務職員に示達した執務心得のひとつだが、「数百年来の家業」が大多数な酒造家をして、強制的に廃業に追い込みかねない事業実施の困難さが力説されている。しかし、このとき酒造家に対し認識された、「数百年来の家業」が大多数という老舗度合いの高さは、企業整備の実施から七〇年あまりを経た今日、どのように検証されるのであろうか。

酒造家の多くは、家業の創業年を特別に重視し、かつ誇示する。これは、創業からの老舗度合いの高さが家業の経営や信用を高める、ひとつの付加価値と信じるからであろう。先のウェブサイトで検出し得た一八八五場のうち、一七八八場と多数の創業年が判明するが、この高い判明度も、付加価値によるためとみられる。もちろん、「何々年間」「何時代半ば」「何年ごろ」など、曖昧な時代表現も多数ではあるが、これとて付加価値の減殺とならないことは、いうまでもない。

酒造家の発信する創業年は一方的という批判もあり、それは文献や史料などにより検証

できないこともない。しかし、検証が可能となる文献や史料などをもつ酒造家は、ごく限定的であるから、ここは付加価値に寄せる酒造家の想いを全面的に信頼することとし、ウェブサイトで判明する創業年を、老舗度合いの高さを立証する手立てとしたい。

表1の「酒造家の老舗度合い」は、一七八八酒造家の創業年を年代区分したものである。

表1　酒造家の老舗度合い

年　代	酒造家数	占有率%	酒造歴
江戸時代以前（～1600）	18	1.0	400年以上
江戸時代前期（1601～1700）	116	6.5	300年以上
〃　中期（1701～1800）	220	12.3	200年以上
〃　後期（1801～1867）	426	23.8	140年以上
明治時代（1868～1912）	667	37.3	100年以上
大正時代（1913～1926）	168	9.4	85年以上
昭和戦前（1927～1945）	59	3.3	70年以上
昭和戦後（1946～1988）	94	5.3	25年以上
平成時代（1989～2014）	20	1.1	—
合　計	1788	100.0	—

平成二六年（二〇一四）を起点にこれらをみると、酒造歴四〇〇年以上、すなわち江戸時代以前に創業した酒造家は一八場とさすがに少ない。だが、酒造歴三〇〇年以上から一四〇年以上の江戸時代の創業は、あわせて七六二場となり、全数の四〇%を超える。これに酒造歴一〇〇年以上の明治時代六六七場を加えれば、全数の八〇%、酒造歴八五年以上の大正時代一六八場を加えれば、同じく九〇%にもなる。

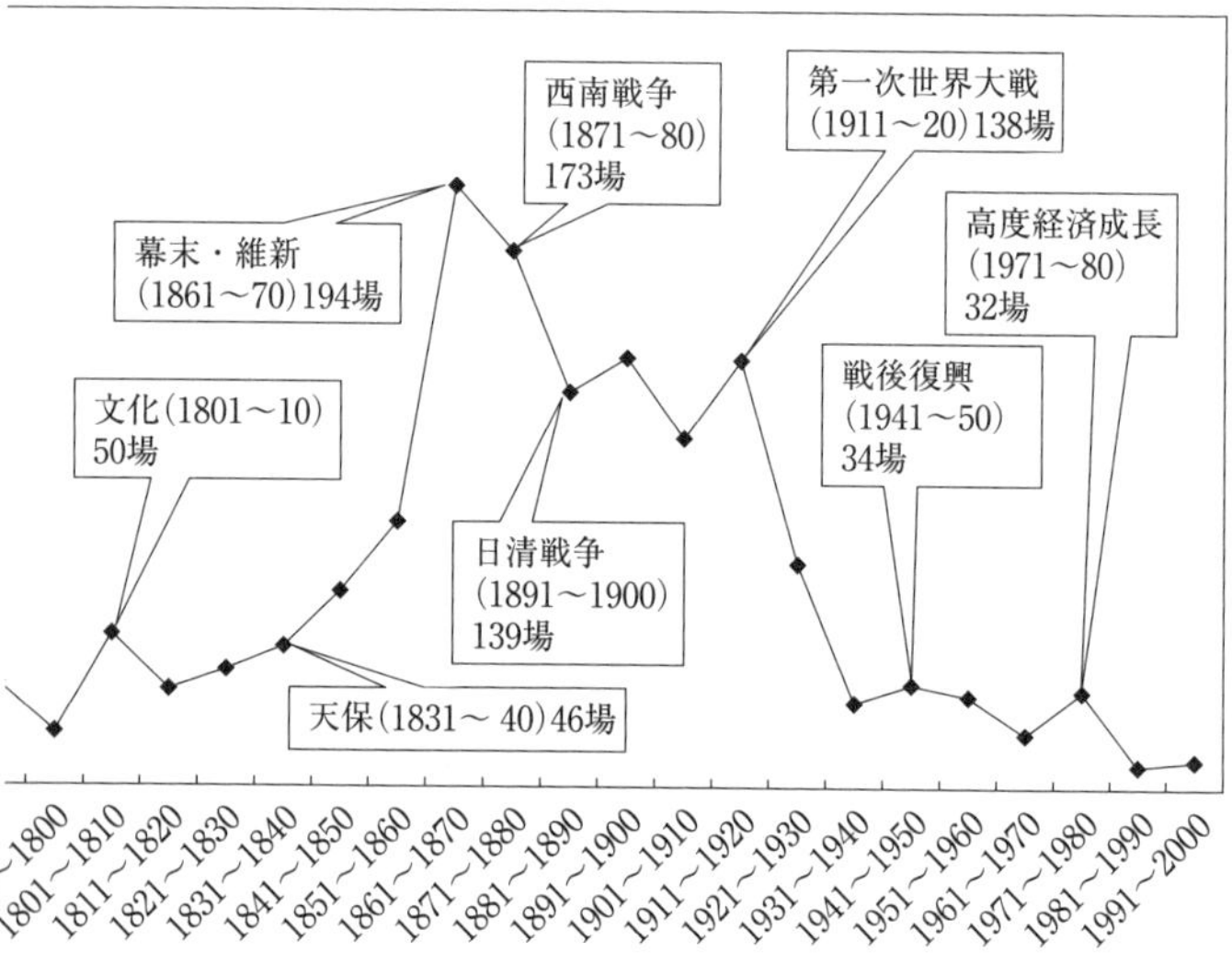

みる酒造家の推移

つまり、一七八八酒造家のうち、八〇%以上が創業一〇〇年以上の歴史を有しており、酒造家の老舗度合いはきわめて高いといえよう。

創業年にみる酒造家の推移

前表1の時代区分にあるように、ひと時代の創業年は明治時代六六七場が一番多く、これにつぐのが江戸時代後期の四二六場である。これらからも、江戸時代後期から明治時代にかけて酒造家の創業大ピークがあることは明らかだが、いま少し分析時期を細かくしてみてみよう。

図2の「創業年にみる酒造家の推移」は、天下分け目の合戦といわれ

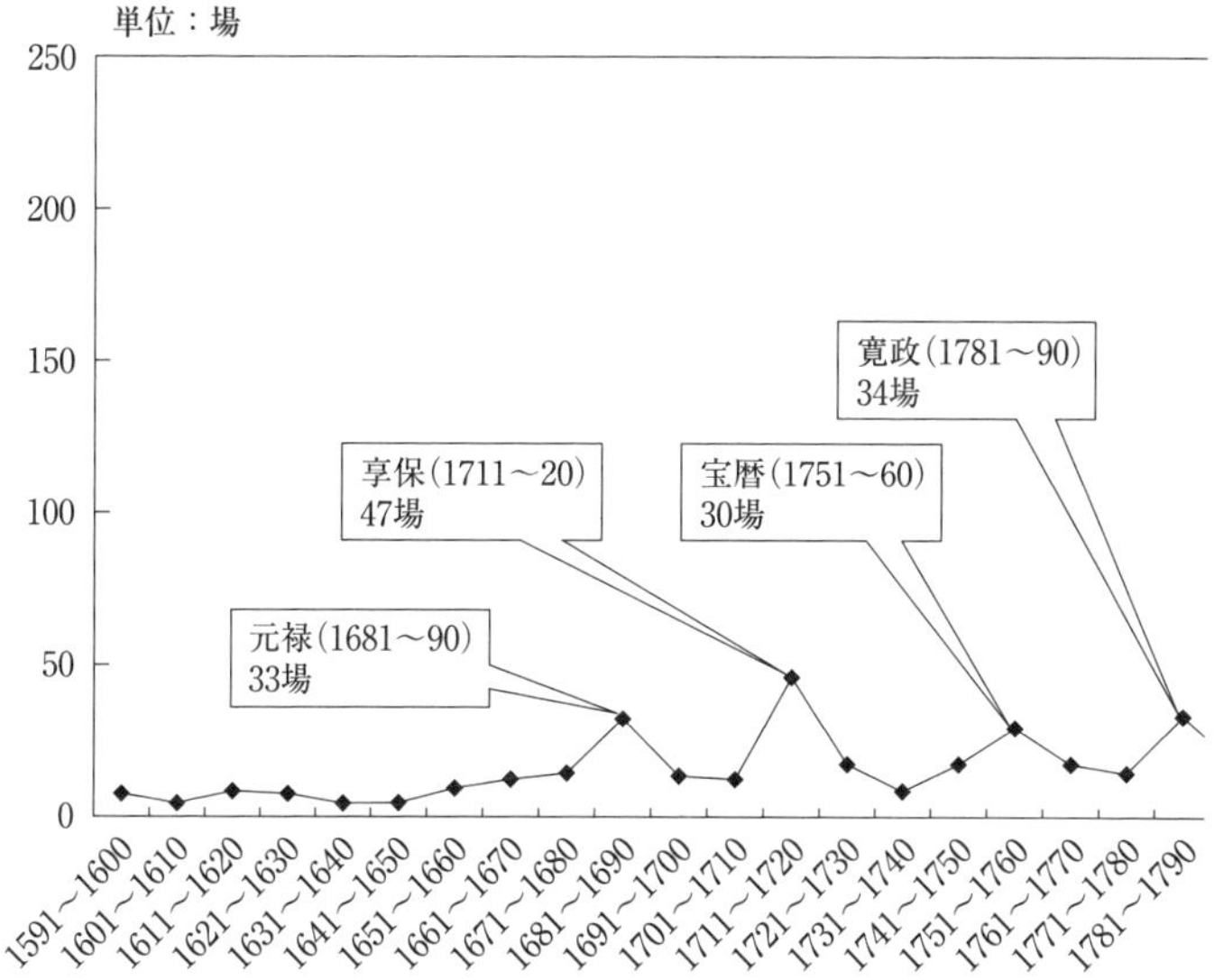

図2　創業年に

る関ヶ原《せきがはら》の戦い（一六〇〇年）の少し前から、平成一二年までの四〇〇年間を西暦で一〇年刻みにして、各一〇年刻みには該当する各酒造家の創業年をプロットし、全国酒造家の創業年推移をみるグラフである。ピークは創業数が集中する高さを示すが、各ピークの一〇年刻みは元号などで明示し、その間の創業数も付した。ただ、一五九〇年以前の一〇場、および二〇〇一年以降の九場、合計一九場は除外したから、グラフの創業数は全体で一七六九場となる。

さて、最初のピークは江戸時代前期の元禄《げんろく》で、ついで中期の享保《きょうほう》・宝暦《ほうれき》・寛政《かんせい》、および後期の文化と断続的に続くが、各ピークとも創業数は、三〇場から五〇場のなかにあり、それほど大きくはない。

しかし、江戸時代後期は、天保から幕末になるほど創業数が増加、この増勢は明治維新《めいじいしん》でも止まず、幕末・維新は最大のピークとなった。次位のピークは西南戦争《せいなんせんそう》で、このふたつをあわせた一大ピーク（三六七場）は、全体の二一％をしめる。文久元年（一八六一）から明治一三年（一八八〇）の二〇年間に、全体の五分の一を少し超える酒造家が創業したのである。これは、厳しい酒造統制を強いた江戸幕府の衰亡が、酒造業界にも起業機会を増やし、さらに明治維新の新しい時代の到来と、殖産興業《しょくさんこうぎょう》の国策遂行という、幕末から続く一連の胎動が起業心を刺激し、酒造創業者の激増につながった、といえよう。

この幕末からの一大ピークについで、日清戦争《にっしんせんそう》前後の明治中期には、第二の大きなピークがあり、ピーク前後の谷間も堅調な増勢に支えられて下降度合いはきわめて低く、これらにより明治時代は結局、酒造創業の最盛期となった。

大正時代の第一次世界大戦期には、明治時代の第二ピークに匹敵する大きなピークがある。このピークは、一夜のあいだに大富豪となる〝船成金〟なる用語が生まれたように、大戦下のまれにみる経済好況が、酒造創業者を輩出させた主因と考えられる。

大正時代後半から昭和戦前期にかけて、創業数は激減する。大正一二年（一九二三）の関東大震災、昭和二年（一九二七）の金融恐慌《きょうこう》、同四年末からの昭和恐慌、同一二年の日中戦争から始まる戦時酒造統制の開始と強化、アジア太平洋戦争下の企業整備など、酒造業はいわば〝冬の時代〟を迎えたため、酒造創業者を激減させたからである。

アジア太平洋戦争後のピークは、戦後復興と高度経済成長のふたつあるが、ともに江戸時代の元禄と同程度の大きさとなる。

江戸時代の日本酒づくり

日本の酒は、米と麴《こうじ》と水から造る。麴が米のデンプンを分解してブドウ糖を育て、酵母が糖分に働きかけてアルコールなどを生みだす。酒の濃度を高める仕込み法には、つぎのふたつがある。

寺院の酒づくり

・醞《しおり》方式…いったん搾《しぼ》ったうすい酒に、新たに造ったうすい酒を何度も加えながら高濃度にする

・酘《とう》方式…酒母《しゅぼ》（酛《もと》と同義）のなかに原料米などを何回かに分けて投入し、酒母の高い発酵力を持続させながら高濃度にする

現在の日本酒づくりで行なわれる、酒母に麴や蒸米《むしまい》、水を初添《はつぞ》え・仲添《なかぞ》え・留添《とめぞ》えと、三段に仕込むやり方は酘方式であり、段掛《だんが》け法である。段掛け法の始まりを明らかにする

ためには、中世の僧坊酒《そうぼうしゅ》にまで、さかのぼらなければならない。

中世の寺院は、荘園《しょうえん》領主である。多くの大寺院では、所有する荘園から上納される年《ねん》貢米《ぐまい》を用い、僧侶が酒を造った。この酒は僧坊酒と総称し、用途は販売用を中心に、自飲用や行事用など多様であった。僧坊酒の特色は、まず麴と蒸米、水で酒母を造り、これに麴と蒸米と水を添加して、もろみ（醪）を造る段掛け法にある。この段掛け法の始まりの時期は、平安時代の中期から室町時代中期にかけての時期、つまり一〇世紀から一四、五世紀のあいだにあり、明確には特定しがたい。

僧坊酒の段掛け法は、一段掛けあるいは二段掛けなど、三段掛け法にいたる過渡期にあったが、酒質《しゅしつ》は「尤《もつと》モ妙味」とか、「美酒言語ニ絶ス」などと、高い世評を受ける銘酒ぞろいであった（『日本の酒の歴史』）。僧坊酒の隆盛期は、応仁《おうにん》の乱《らん》（一四六七〜七七）後の戦国時代前期で、つぎのような酒造地の銘酒がとくに知られていた（加藤百一『酒は諸白』）。

（酒名、寺院）　（所在地など）
天野酒《あまのさけ》　天野山金剛寺《あまのさんこんごうじ》　大阪府河内長野市天野町
観心寺酒《かんしんじさけ》　観心寺　大阪府河内長野市寺元町
奈良酒《ならざけ》（奈良町中で造られた酒の総称）

菩提泉《ぼだいせん》	菩提山正暦寺《ぼだいさんしょうりゃくじ》	奈良県奈良市菩提山町
中川寺酒《なかがわでらざけ》	中川寺	奈良町東郊（奈良市）
	長岡寺《ながおかてら》	奈良町釜口（奈良市）
	興福寺大乗院《こうふくじだいじょういん》	猿沢池《さるさわのいけ》東の菩提谷（奈良市）
	興福寺一乗院《いちじょういん》	奈良町北西周辺（奈良市）
多武峰酒《とうのみねざけ》	妙楽寺《みょうらくじ》	奈良県桜井市多武峰町
百済寺酒《ひゃくさいじざけ》	百済寺	滋賀県愛知《えち》郡愛東町
豊原酒《ほうげんさけ》	豊原寺《ほうげんじ》	福井県坂井郡丸岡町豊原

日本酒づくりの原点

諸白《もろはく》は、この僧坊酒のなかから発祥する。諸白とは濾過《ろか》された澄《す》み酒《ざけ》のことで、現在の日本酒をさす。麹米《こうじまい》と掛《か》け米《まい》の両方に白米を用いて造るところに、その名の由来がある。諸白では麹と米と水を精選して、酒母《しゅぼ》づくりとし、酒母に麹と蒸米《むしまい》、水を初添え・仲添え・留添えと三段に仕込み、もろみづくりとした。

麹には玄米、掛け米には白米を用いて造る濁《にご》り酒《ざけ》（どぶろく）は、片白《かたはく》ともいい、諸白はこの片白に対する意味合いがあった。濁り酒は、麹・掛け米・水を一段に仕込んで発酵させる方式で、中世農民の手造りの酒である。

南都《なんと》は、平城京《へいじょうきょう》が置かれ、大寺院の集中する奈良をさす。奈良南郊の菩提山正暦寺が、諸白を創製した寺である。正暦寺の菩提泉づくりは、坊舎が八六にもなった嘉吉《かきつ》年間（一四四一〜四四）には相当に盛んであったが、本寺の興福寺《こうふくじ》が財政補てんのため諸院諸坊で酒づくりを始め、盛んになると、一六世紀以降の奈良では、僧坊酒の中心が正暦寺から興福寺の諸院諸坊に移っていった。

そして、永禄《えいろく》年間（一五五八〜七〇）に、正暦寺で諸白が創製されると、興福寺の諸院諸坊をはじめ、奈良町中の寺院で諸白づくりが盛んとなり、奈良酒造地の諸白は、南都諸《なんともろ》白《はく》と総称された。南都諸白は、日本酒づくりの原点といわれる。

戦国時代の後期に開発された南都諸白は、やがて天野酒など、ほかの僧坊酒を駆逐して、銘酒の賛辞をほしいままにするようになる。しかし、南都諸白の隆盛も戦国時代末期までであり、以降は荘園制とともに衰える。かわって、戦国時代末期から江戸時代前期にかけては、近世都市などの酒造家による諸白づくりが、隆盛におもむくのである（『酒は諸白』）。

火入れと澄まし灰の法

火入《ひい》れは、戦国時代後期、日本酒づくりに加わった新技術である。もろみを搾りあげて、でき上がった酒を六五度ほどに加熱し、残存酵母の発酵を止め、風味の調和を図り、かつ雑菌の繁殖に対処して酒の腐敗を防止する低温殺菌法であるが、元亀《げんき》元年（一五七〇）には、火入れ技術が確認できるようになる。

ヨーロッパでは、一八六〇年代にフランスのルイ・パスツールが、ブドウ酒を五〇度から六〇度に加温して殺菌すれば、ブドウ酒の品質をかえることなく保存できることを発見した。これが世に知られるパスツリゼーション（低温殺菌法）であるが、日本ではそれより三〇〇年ほども前から日本酒づくりに用いられていたわけで、火入れは高い評価を受ける酒造技術である。

澄《す》まし灰《はい》の法《ほう》とは、酢酸《さくさん》のはたらきで酸化のすすんだ酒はすっぱくなるが、これに木灰《もくはい》や石灰《せっかい》などを加えて中和し、香味を整える技法である。澄まし灰の法は、古くから各地で行なわれ、近代でも明治後期までは、酒造家はもちろん酒問屋などがふつうに用いた。これもすでに永禄《えいろく》八年（一五六五）には確認でき、戦国時代後期には日本酒づくりにも取り入れられた技法といえよう（『日本の酒の歴史』）。

上方酒造地と下り酒

江戸時代、幕府や藩など領主の財政収入は、農民の納める年貢米が基本であり、年貢米を換金してはじめて領主の貨幣経済が保たれた。米を多く消費する酒造業は、領主が最も重視する産業であったが、いっぽうで年貢米確保の観点から、自給自足の経済を強いる農村には、農民の酒造業は厳禁の施策を採用した。したがって、江戸時代前期の酒造業は、城下町を中心に宿場《しゅくば》町や門前《もんぜん》町などの町方《まちかた》酒造業として発達した。

図3　江戸新川の酒問屋（『江戸名所図会』）

大坂は、江戸時代の初頭より商業都市として発展するが、なかでも各藩の領主がもつ年貢米の一大販売市場であり、寛文《かんぶん》一二年（一六七二）の河村瑞賢《かわむらずいけん》による西廻《にしまわ》り航路の開発以来、年貢米の換金市場としての性格はますます高まった。必然的に、池田（大阪府池田市）や堺（大阪府堺市）、伊丹《いたみ》（兵庫県伊丹市）、西宮《にしのみや》（兵庫県西宮市）などの酒造地が、大坂や周辺の地域に形成され、上方《かみがた》には日本酒の一大生産圏が成立した。

いっぽう江戸は、全国政権としての江戸幕府が所在する、国内最大の城下町である。将軍の家臣団に加え、参勤交代《さんきんこうたい》制による諸大名やその家族、江戸詰《づ》め藩士など、武士が中心となる政治都市であり、元禄《げんろく》時代

（一六八八〜一七〇四）には江戸町人も含めると、人口一〇〇万の巨大な消費都市に発展し、ここに一大消費圏が形成された。

上方の酒造地は、多くがこの江戸に形成された巨大な消費市場向けの生産、すなわち江戸積《えどづみ》酒造業として形成され、発展したのであり、商業都市の大坂や都の京都がある上方などから江戸に下《くだ》る日本酒をさして、下《くだ》り酒《ざけ》と総称した。

下り酒は、伊丹の鴻池《こうのいけ》家が江戸時代初期に、馬背《うませ》により酒荷を運んだのが始まりとされる。下り酒の商《あきな》い習慣で、四斗樽《しとだる》（容量七二リットル、一升一・八リットル、一斗一八リットルで換算）の二樽で一駄《だ》、一樽は片馬《かたうま》とする単位呼称は、この馬背による輸送の名残《なご》りである。その後、下り酒の輸送は、元和《げんな》五年（一六一九）に菱垣廻船《ひがきかいせん》が始まり、寛文《かんぶん》年間（一六六一〜七三）には、酒樽専用の樽廻船《たるかいせん》が始まった。

そして元禄時代になると、鴻池家を輩出し、江戸積酒造地として発展した伊丹町の伊丹《いたみ》諸白《もろはく》において、日本酒の基本的な酒造法である寒造《かんづく》り三段仕込《さんだんじこ》みが成立する（『日本酒の歴史』）。

寒造り三段仕込みの成立

伊丹諸白の特色のひとつは、冬季に仕込む寒造りにあった。最初に仕込む酒母、つぎの三段階に仕込むもろみのなかでは、麹によるデンプンの糖化と、酵母によるブドウ糖のアルコール発酵が並行して行なわれる。

それぞれの作用の適温は、前者が摂氏三七度、後者が三〇度から三二度と異なるところから、これらの作用をさして並行複発酵《へいこうふくはっこう》という。

並行複発酵では、夏の暑い時期が仕込みの適期となるが、空気や水など自然界に棲息する腐敗菌や酢酸菌の活動も活発となるから、酒が腐敗したり、すっぱくなったりの酸敗《さんぱい》が起きやすくなる。澄まし灰による中和も、酸敗のひとつの対処法である。

いっぽう寒造りは、冬季に仕込むため、寒さで腐敗菌や酢酸菌の活動が不活発となり、酸敗が起きにくく、日本酒づくりの安全度がより高まる酒造法である。この寒造りは、寒さのため並行複発酵に時間がかかり、当然、仕込み期間が長くなる短所もあったが、木製の一斗樽《いっとだる》（容量一八㍑《リットル》に換算）に湯を入れた暖気樽《だきだる》の投入個数を増減することにより、並行複発酵をうながす適温が確保しやすいという長所もあった。

寒造りは、上方では早くからみられた仕込み法である。しかし、これが日本酒づくりでとくに重視されるようになるのは、江戸幕府などが実施した寒造り集中化政策にあった。幕府は寛文七年（一六六七）に新酒醸造禁止令を発令し、その後も寛文一一年、一二年、一三年と、毎年のように新酒醸造禁止令を発令した。当時の新酒は、陰暦の秋彼岸のころ（七月、八月）から一〇月ころに仕込む酒をさし、幕府は夏の暑さの残る酒造を禁止することで、逆に、腐敗などの起きにくい寒造りに集中するよう酒造家などにうながしたのであ

図4-（1）　伊丹の酒造家での洗米の様子（『日本山海名産図会』）

図4-（2）　麹づくり

蒸した米を筵の上で冷まし，麹室で種麹を混ぜる（『日本山海名産図会』）

る。諸藩でも幕府と同様の寒造り集中化政策を実施したところから、それらが伊丹諸白の寒造りに結実した、といえる（『日本酒の歴史』）。

伊丹諸白のいまひとつの特色は、量産方式の採用にあった。諸白は、酒母に麴と蒸米・水を三段に分けて仕込む。その際、南都諸白では各段階ともこれらを等量に仕込む方式だったから、大きな酒造量は望めなかった。しかし、伊丹諸白では各段階ともこれらを倍加させながら仕込む方式であったから、比較的大量の造酒が可能となった。

酒造家のもとで、日本酒づくりの実際にあずかるのが杜氏《とうじ》である。しかし、杜氏ひとりで造れる酒の量はたかが知れているから、大量に造るためには、杜氏は働き人《はたらびと》といわれる酒造労働者群を統率する。杜氏の統率のもとで働き人が、精白―洗米―蒸米―麴づくり―酒母づくり―もろみづくり―搾りあげ―火入れ、などの酒造各工程に配置され、麴と蒸米・水を倍加させながら三段に仕込み、これらの工程を繰り返し運用することにより、酒の量産は実現できた。伊丹諸白は、杜氏集団の分業化と酒造工程の連続的運用という酒造技術を採用することにより、はじめて量産が可能となった（図4参照）。

伊丹諸白の酒造法が、寒造り三段仕込みである。日本酒づくりの原点である南都諸白の創製から一三〇年あまりを経て、元禄時代に成立した。現在でも、酒造家の多くがこの寒造り三段仕込みで日本酒を造る。

図4-（3）　酒母づくり

でき上がった麹と蒸米，水をあわせてすりつぶす（『日本山海名産図会』）

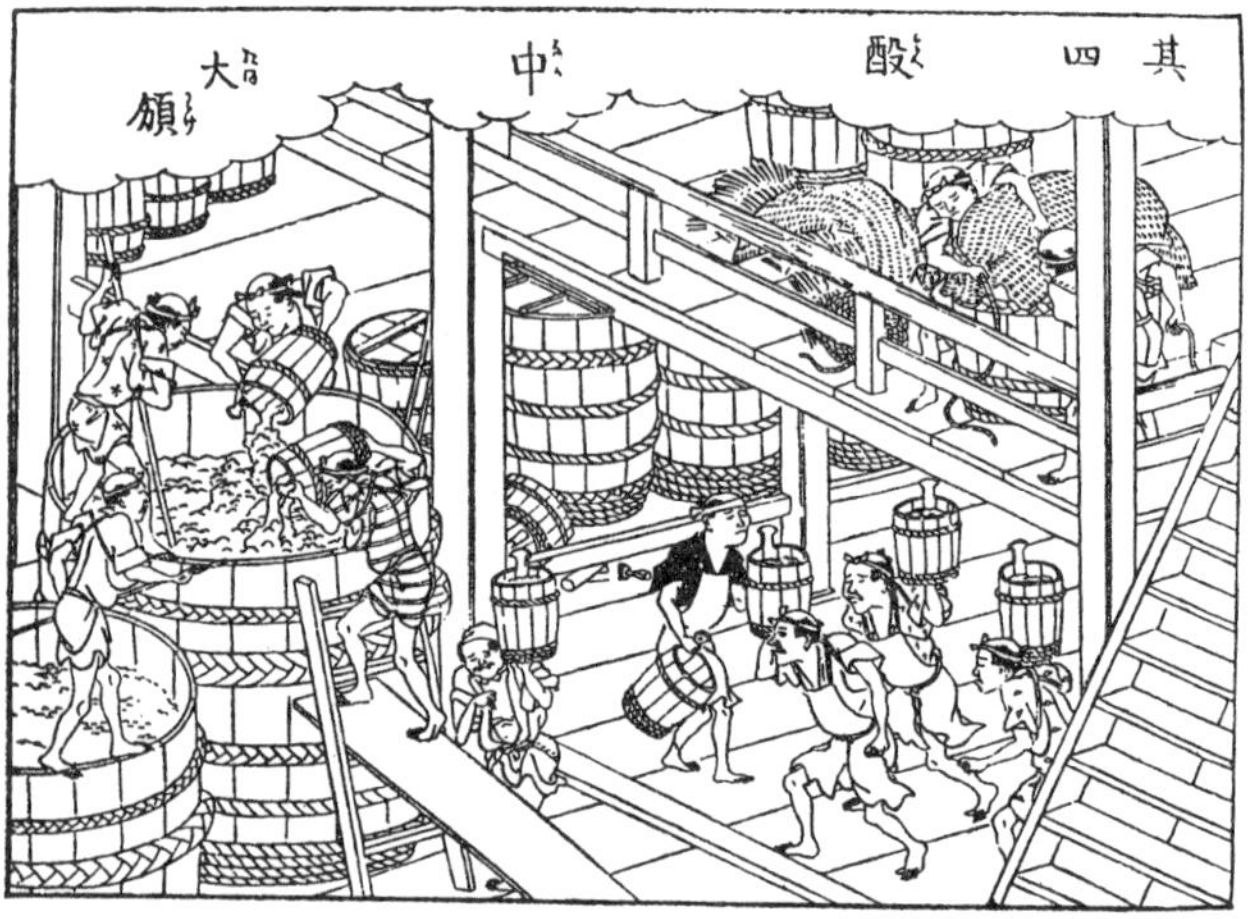

図4-（4）　もろみづくり

でき上がった酒母に麹，蒸米，水を三段に分けて入れ，増量していく（『日本山海名産図会』）

寒造り完成の第一歩

酒母づくりは、仕込み予定日の三日前から始まる。まず白米を洗い、一日水に漬け、翌日に甑《こしき》で蒸して蒸米《むしまい》とし、これを放置して冷ます。放冷後は、蒸米の一部を取り分け、麹室《こうじむろ》に運び、種麹《たねこうじ》を混ぜ込み、麹を造る。麹は洗米から三日後の早朝にでき上がるから、このでき上がった麹と、取り分け元の蒸米と、さらに水とにより、酒母づくりが始まる。

酒母づくりのつぎは、もろみづくりに移る。もろみは、でき上がった酒母に、酒母と同様に造った麹と蒸米、および水を三段に分け、かつ増量しながら仕込む。三段に仕込むのは酒母の高い発酵力を弱めないための工夫である。こうしてでき上がったもろみは、酒袋《さかぶくろ》に入れ、酒船《ふね》で圧搾《あっさく》しながら濾過し、搾りあげる。この澄み酒、つまり清酒が諸白で、諸白は火入れすることにより、長期の貯蔵に耐えられる。これらの一連の仕込みが、諸白を得る寒造り三段仕込みの一回の生産工程であるから、諸白を大量に得るためには、当然、各仕込みは連日にわたり繰り返し何回も行なう必要がある。

吸水率とは、これらの麹米と蒸米をすべてあわせた原料白米の総量に対する仕込み水の割合をいう。吸水率を高めれば水の仕込み量は多くなり、酒の量産に結びつくが、水分が多くても酒質を一定の水準に保つためには、麹の添加量を工夫するなど、技術的な裏づけがなければならない。しかし、伊丹諸白の吸水率は、南都諸白に比べても低い水準にあり、

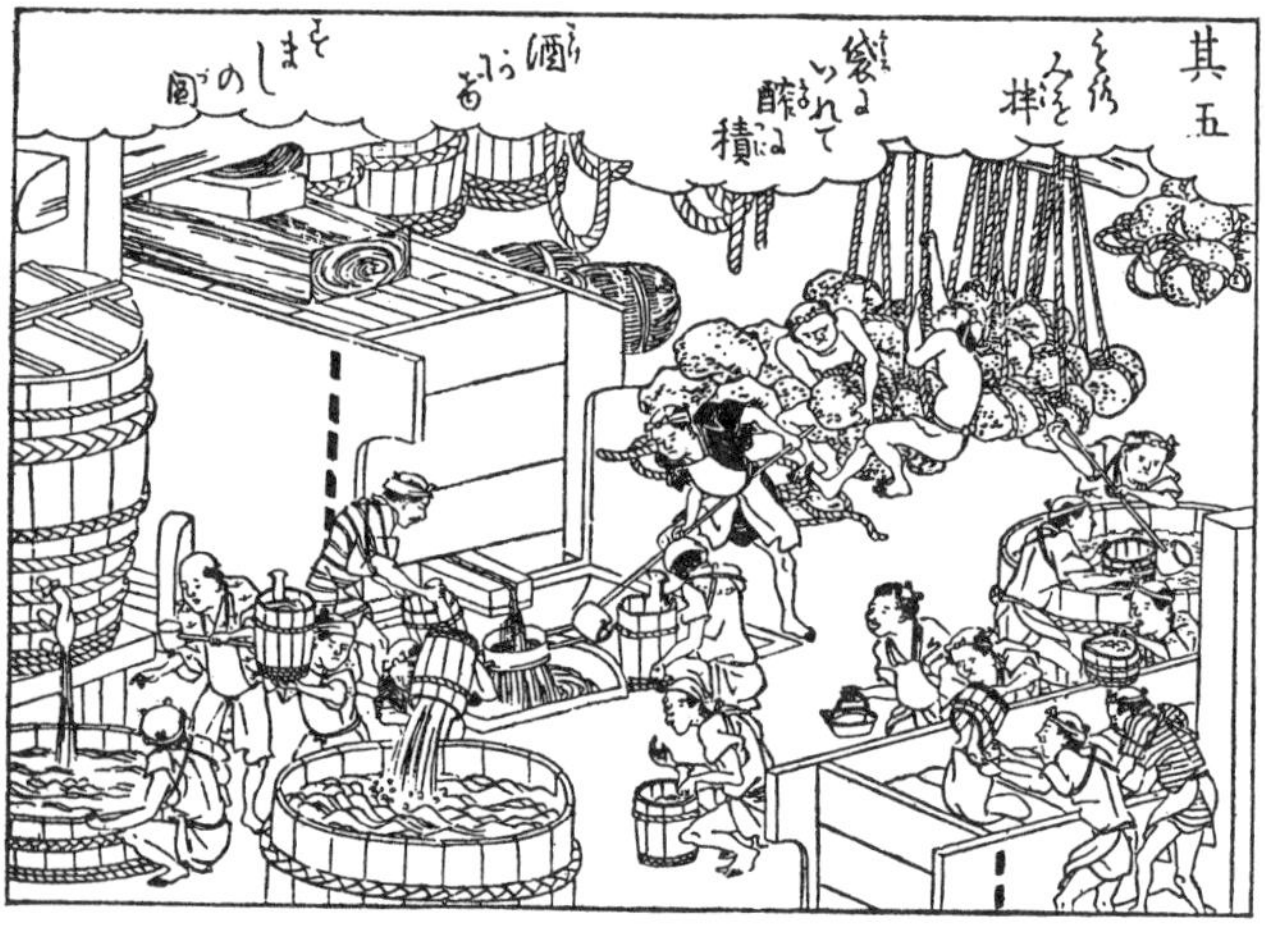

図4-(5)　酒あげ，すましの図

もろみを酒袋に入れて（図右下），重石をかけて絞る．絞った清酒は桶で滓（おり）を沈めて呑口から出す（『日本山海名産図会』）

でき上がった酒は、甘みの濃い〝まったり〟とした味であった。伊丹諸白により量産が可能となったにしても、量産の規模に限界のあったことが、この酒質から判然となる。

伊丹諸白のいまひとつの限界は、寒造りそのものにある。江戸時代前期に行なわれていた造酒の種類と季節を示すと、つぎのようになる。

ボダイ　立秋（陰暦）以降
新酒《しんしゅ》　秋彼岸（陰暦）以降
間酒《あいしゅ》　新酒と寒前酒のあいだ
寒前酒《かんまえしゅ》　（秋季）
寒酒《かんしゅ》　（冬季）
春酒《はるざけ》　立春以降

このように、江戸時代前期では立秋から立春以降まで、ほぼ一年にわたり酒を造るのがふつうであった。江戸幕府などの寒造り集中化政策により、寒造りは伊丹諸白に結実したわけだが、しかし伊丹諸白は寒酒づくりのみに、すなわち寒造りだけに特化したのではない。なぜなら、寒酒づくりは仕込み期間が長くなるため、その分でき上がった諸白は高価となり商品性が落ちる。酒造経営上のこの欠点を補うためには、寒酒以外にも季節ごとの酒を造り、売らなければならなかったからである。伊丹諸白は、造酒の安全度が高い寒酒づくりを重視したが、特化したのではないから、寒造りに関しても限界があった。

このように、伊丹諸白の寒造り三段仕込みには、その特色である寒造りと量産の両方に限界があった。この限界は、一五〇年あまりのちの幕末に、灘酒《なだざけ》により克服されるから、伊丹諸白は寒造り完成の第一歩、と位置づけられている（『日本酒の歴史』）。

したがって、伊丹諸白では杜氏も、元禄時代以降に常態化する冬季の出稼ぎ型が主体であったわけではない。江戸時代前期の酒造業が城下町などの町方酒造業として発達したことを念頭におけば、伊丹の町場に居つき、一年間をとおして日本酒づくりに従事する杜氏が主体であった、と考えられるのである。

江戸幕府の酒造政策と酒造家たち

江戸幕府は明暦《めいれき》三年（一六五七）に、はじめて酒株《さけかぶ》制度を設け、酒造は酒株による免許制とし、無株の酒造は厳禁とした。酒株制度は諸藩も連動して採用したから、全国統一的な実施となった。

元禄の株改め

酒株には、酒造米高《しゅぞうまいだか》と所有者の住所、名前などが登載される。登載された酒造米高が株《かぶ》高《だか》であるが、株高は酒株を所持する株主の経営権利を示すとともに、酒造経営の規模をも示す。もちろん酒株の売買は自由であったが、領域を越えての売買は厳禁であった。なぜなら、領域ごとに酒運上《さけうんじょう》などの課税標準が異なったからである。

江戸幕府は米の豊凶などで米価を調節する必要があるとき、減醸令《げんじょうれい》を発した。酒造家に対し、株高の三分の一とか半分などに制限する減醸令を実施し、酒造家の酒造米を調節して酒造量を調節し、ひいては米価の調節につなげる造酒の生産統制策である。

明暦三年に酒株を設定して以来、江戸幕府が発する減醸令は、つねに株高によって実施された。だが、酒造家による毎年の酒づくりは、株高に関係なく、酒造米高は自由に増減できたため、年歴を重ねるうちには、当初の株高と実際の酒造米高には懸隔《けんかく》が生じてしまう。懸隔を残したまま新たな減醸令を実施しても、その効果は疑わしいから、懸隔をただすために行なうのが株改《かぶあらた》めである。実際には、前年の酒造米高の実績を新たな株高とみなすかたちを採用した。だから、株改めは減醸令の実施に際し、酒造家や酒造米高など酒造業の実態を掌握するための酒造統制策といえる。株改めは、第一次が寛文六年（一六六六）、第二次が延宝八年（一六八〇）、第三次が元禄一〇年（一六九七）に実施された。

江戸幕府による減醸令も、株改めも、諸藩が連動的に実施に移したため、幕府の酒造統制は全国におよぶことになる。

江戸幕府が元禄一〇年に実施した第三次株改めは、この時期の酒造業の全国的な展開状況を掌握し、これを「元禄調べ高」として固定し、以降に行なう酒造統制の基準とし、さらに、新たに設定する酒運上を幕藩統一的に実施する事前調査でもあった。そのため、綿密かつ徹底的に、全国的な規模で実施に移された。

だが、実際の元禄調べ高は、元禄一五年の段階で、元禄一〇年当時の酒造米高を届け出させ、これをもって株高とした。元禄調べ高の本来の目的は、減醸令の実施準備にあるのではなく、五割の酒運上を創設するため、酒造家に現実の酒造米高を申告させることにあったのである。しかし、酒造家はこの高率な酒運上の創設に対して、現実の酒造米高を過少申告するという作為で応じたことが、指摘されている（『日本酒の歴史』）。

酒運上の創設

江戸幕府が元禄一〇年七月に創設を布達《ふたつ》した酒運上は、江戸幕府最初の酒税である。酒運上の納税者は酒造家、税率は酒価の五割という高率さである。酒造家は売上代金から運上分を差し引き、酒造家の代表がその運上分を徴収し、幕府領は代官、藩領は藩庁に納める規定であった。

酒運上は酒の消費者が負担し、酒価に転嫁された運上分を酒造家が納税する、現行の間接税としての酒税とあまりかわりがない。酒運上の五割はいかにも高率だが、幕府領の平均的な年貢率が五公五民《ごこうごみん》の五割であったことを基準にすれば、農民が負担する重い年貢とかわりないことになる。また、酒運上の布達には、酒運上の創設理由がつぎのように記されている。

酒商売人多く、しもじも猥《みだ》りに酒を呑み、不届きなる儀と仕《つかまつ》り候《そうろう》につき、今度《こんたび》、酒運上取り立て、運上に応じ酒の値段高値になり候《そう》らわば、酒多く給《たま》い申さず候、それにつき酒屋減じの分はそのとおりに候ことこのように、高率な酒運上は、酒造家が多いことで生じる、下民の妄飲《もういん》や妄飲による狼藉《ろうぜき》などを抑制し、酒飲を減じさせるために設けるのであり、酒の値段を高め、酒飲が減じることで、酒造家が減じてもかまわない、としている。

しかし、酒飲を減退させるためという酒運上の創設理由は、名目にすぎない。真の理由は、江戸幕府の財政補てんにあった。開府以来、豊富な金銀の産出量で支えられていた幕府財政は、元禄時代（一六八八〜一七〇四）前にはすでに産出量が大幅に減少し、元禄時代には、将軍家の豪奢《ごうしゃ》な経済生活のもたらす放漫な財政支出が加わり、財政難に陥る。

江戸幕府は財政難救済のため、元禄八年にはじめて金銀貨の改鋳《かいちゅう》により、出目《でめ》と呼ぶ鋳直《いなお》し益《えき》を造出させた。ついで元禄一〇年には税率五割の酒運上を創設して、財政補てんとしたのである。幕府は続いて元禄一二年には長崎運上、一三年には江戸市中に大八車《だいはちぐるま》運上と借駕籠《かりかご》運上、一四年には同じく古着《ふるぎ》商《あきない》に札賃《ふだちん》など、つぎつぎと新たな運上などを創設して、さらなる財政収入の補てんとした（柚木重三「江戸時代前半期に於ける幕府の酒税政策」）。

酒運上の廃止

酒価の五割という高率な酒運上は、たしかに市場に出まわる酒の量を減退させた。下り酒の江戸入津《にゅうしん》樽数は、元禄一〇年が六四万樽で、以後、一一年には五八万樽、一二年には四二万樽、一三年には二二万樽にも激減し、酒造量の大幅な減退が立証できる。もちろん江戸入津樽数の激減は、元禄一二年、一三年と連年にわたって実施された減醸令によるためでもあった。

酒造量の減退は当然、酒運上の減収に直結する。宝永《ほうえい》六年（一七〇九）、幕府の酒運上収入は約六〇〇〇両にすぎず、財政収入の一％にも満たない状態であったという。いっぽうで酒価の高騰は隠造や過造といった密造《みつぞう》の横行も呼び起こし、密造の取り締まりを逃れようとする幕吏《ばくり》への賄賂《わいろ》も横行して、酒運上は財政補てんにはほど遠い、悪弊《あくへい》の横行が激化する始末となった。

江戸幕府は宝永六年六月、財政上に労多くして益の少ない酒運上を廃止した。以降、倒幕にいたるまで、全国統一的な酒税政策が採用されることはなかった（『日本酒の歴史』）。

元禄時代の酒造家数と酒造米高

江戸時代の全国総石高《そうこくだか》は、天保《てんぽう》年間（一八三〇〜四四）でおよそ三〇〇〇万石《ごく》、その四分の一近くの七〇〇万石が江戸幕府の直轄地で、関東を中心に全国に散在し、他の四分の三を三〇〇あまりの藩が分割し、領有していた。各藩地も散在的に所在し、幕藩領は複雑に入り組んでいた。

元禄時代の全国総石高は二六〇〇万石だから、江戸時代前期は幕府直轄地の全国にしめる割合は、もっと高いことになる。全国的な規模で、この元禄時代の酒造家数と酒造米高などが判明する。

表2　元禄時代の酒造調べ

地域＼項目	酒造家数（場）	酒造米高（石）	酒造量（石）	一戸当り酒造米高（石）
畿内	4,630	188,318	188,318.6	40.7
中国	3,215	83,955	102,505.2	26.1
西国	4,468	160,841	160,841.5	36.0
四国	1,201	39,091	39,091.2	32.5
北国	2,636	81,530	81,530.4	30.9
関東	3,636	79,721	79,720.9	21.9
出羽奥羽二国	4,422	142,953	156,953.6	30.9
各官道	3,043	132,928	132,928.6	43.6
合計	27,251	909,337	919,840.0	33.4

（出典）神戸税務監督局編『灘酒沿革誌』

前述したように、元禄一〇年に創設の酒運上は、翌一一年から実施に移された。江戸幕府は幕藩統一的な課税の基本とするため、直轄地を中心として、全国的な酒造家数と酒造米高、酒造量の事前調べを実施した。その結果は、酒運上の実施と同じ元禄一一年に、表2の「元禄時代の酒造調べ」のように明らかとなる。もっとも酒造量は、三五升入りの菰包《こもづつ》み数に、その菰が包む酒樽の容量三五升で換算したものである。

全国の酒造家は二万七〇〇〇場あまり、各地方に万遍なく所在している。一場あたりの酒造米高は三三石四斗となり、これが全国平均である。平均を上まわり、比較的規模の大きな酒造家は、畿内と西国および「官道」に多い。この場合、官道は五街道をさすと考えるのが妥当であろうが、その出典には何ら言及がない。江戸幕府の本拠地である関東地方は平均を下まわり、小規模な酒造家の多いことが判然となる。

酒造米高は合計九一万石で、でき上がった酒造量は九二万石と、わずか一万石増えたにすぎない。酒造米高とは酒株に登載された株高であるが、玄米高表示である。これを八分搗《づ》きにした白米が、原料米高となる。この時期の酒造技術では、白米高に対する酒造量の比率は、一対〇・八七から〇・九、玄米高では一対〇・八となる（『白鶴二百三十年の歩み』）。

したがって、酒造量の二割増しが玄米高、つまり酒造米高となるのがふつうであるから、日本酒の九二万石を得るのに必要な酒造米高は、一一五万石の計算となる。元禄一一年に調べられた酒造米高は九一万石だから、計算高よりも大幅に少ない。これは、高率な酒運上の創設に対処し、酒造家の過少申告という作為が潜んでいることの立証となる。

信州酒造地と小酒造家

江戸時代、信州で日本酒づくりの主体となるのは「地主酒屋《じぬしさかや》」である。地主酒屋が酒造に用いる原料米の給源はもちろん、小作米《こさくまい》であり、酒造に雇う単純労働者の給源も小作人にある。

信州の酒造業は、明暦三年に酒株制度が創始されたころから本格化し、元禄一〇年の株改め、酒運上の創設ごろには、松代《まつしろ》藩や松本藩を中心に信州各藩領の城下町を中心に、表3の「元禄の信州各藩領の酒造調べ」にあるような酒造家数が確認できる。

在方《ざいかた》の酒造家に、町方《まちかた》酒造家の半数近くが確認されるが、これは自給自足経済を強いら

表３　元禄の信州各藩領の酒造調べ

藩領＼項目	総数	城下町	在方	株高(石)
善光寺	13	−	−	682
松代	42	7	3	2755
高遠	不明	16	不明	878
飯田	24	22	2	742
松本	40	10	30	1637
上田	31	22	9	7126
諏訪	13	13	−	不明
須坂	11	8	3	1356
飯山	19	13	6	708
合計	193	111	53	16084

（出典）田中武夫編『信州の酒の歴史』

れる地方農村にも、江戸時代初期以降に商品貨幣経済が相当に浸透したことにより、元禄時代にはすでに農村の酒造厳禁政策が、有名無実化したことを示している。

元禄一〇年ごろの信州の酒造家数一九三場は、これでも依拠する史料群の不備による数値であり、もし不備がなければ、実際には信州全体では五、六〇〇場ほどに推定でき、しかも元禄株改めのころから信州の酒は寒造りへの移行を強めた、とされる。

江戸時代前期の近世都市を中心とする町方酒造業という特色は、こうして信州でも確認できる。そして、江戸時代後期の文化・文政《ぶんせい》期（一八〇四〜三〇）からは、地主酒屋による農村の新規開業が隆盛となり、幕末の信州酒造地は、どこの農村にいっても一、二軒の小酒造家がある、といわれるほどに発展をみる（田中武夫編『信州の酒の歴史』）。

寒造りの完成と灘の酒

灘五郷の範囲

灘は、灘五郷《なだごごう》の総称である。現在の灘五郷は、兵庫県の瀬戸内海沿いの東西二四キロあまりに展開する、西宮市今津《いまづ》町と西宮市街、神戸市東灘《ひがしなだ》区の魚崎《うおざき》町と御影《みかげ》町、同市灘区西郷《にしごう》町が相当する。西宮市は、西宮町が大正一四年（一九二五）に市制を施行して成立、昭和八年（一九三三）には今津町を合併した。

安政五年（一八五八）に江戸幕府がアメリカ・イギリス・フランス・ロシア・オランダと結んだ五か国条約による、文久二年（一八六二）の兵庫開港は延長され、慶応三年（一八六七）に神戸開港として実現した。明治元年（一八六八）に神戸村は神戸町となり、明治二二年に神戸市、昭和六年に区制を施行して灘区が成立し、アジア太平洋戦争後の昭和二五年に、魚崎町と御影町などを神戸市に編入して東灘区が設けられた（『角川日本地名大

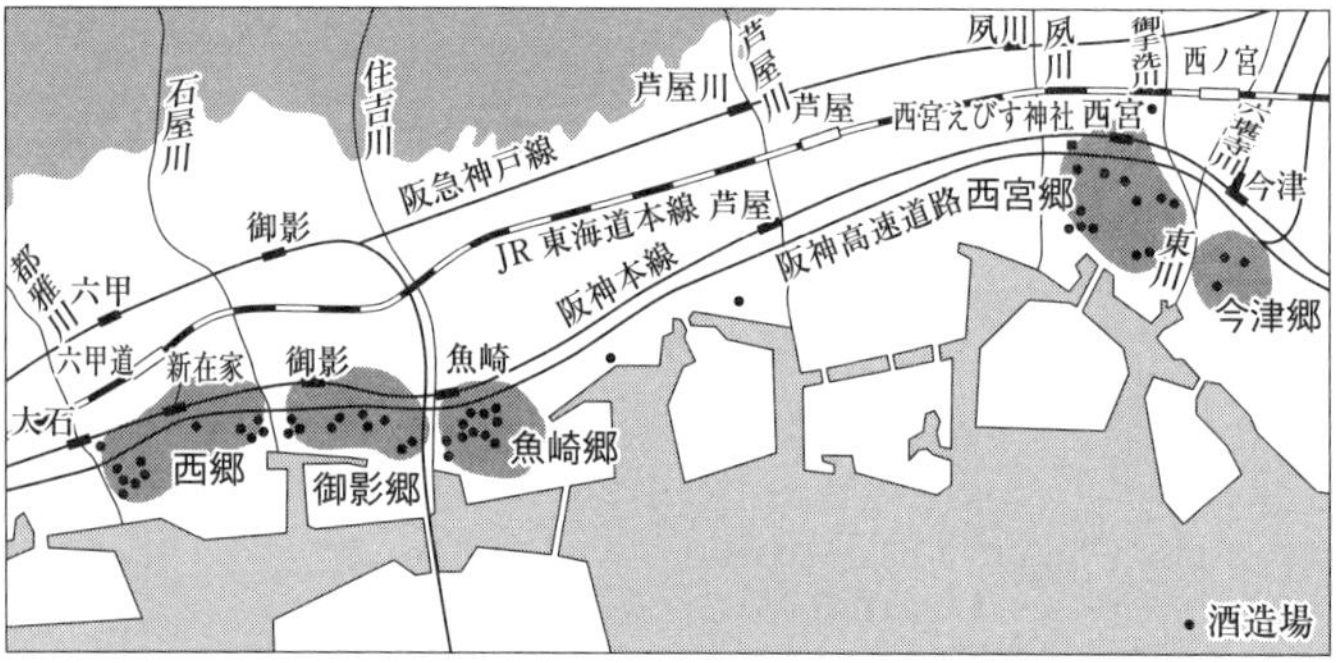

図5　灘五郷地図（『伏見酒造組合125年史』より作成）

辞典　兵庫県』）。

江戸時代（近世）から現代にいたる灘五郷の変遷は、表4の「灘五郷の変遷」にあるように複雑である。近代の新編成では、灘五郷は東から西に、兵庫県武庫《むこ》郡の今津郷《いまづごう》と西宮郷《にしのみやごう》、神戸市の魚崎郷と御影郷、西郷とから成り（図5参照）、明治一九年に、「摂津《せっつ》灘酒造業組合」が創設された以後の郷編成である。

それ以前、つまり近世の旧編成は、摂津国武庫郡の今津郷と、同国菟原《うはら》郡の上灘郷《かみなだごう》東組・中組・西組、および同国八部《やたべ》郡の下灘郷《しもなだごう》の五郷から成り、近代と近世では、西宮郷と下灘郷が入れかわっている。この旧編成は、灘の酒造業が最盛期を迎えた文政一一年（一八二八）に、上灘郷を東組・中組・西組の三郷に分け、今津郷と下灘郷をあわせ灘五郷としたときからのものである。

表4　灘五郷の変遷

現住所	西宮市		神戸市東灘区		神戸市灘区	
	今津町	(西宮町)	魚崎町	御影町	西郷町	
(新編成)(灘五郷)	今津郷	西宮郷	魚崎郷	御影郷	西　郷	
明治19年(1886)						
(郡名)	武庫郡		菟原郡			八部郡
(旧編成)(灘五郷)	今津郷		上灘東組	上灘中組	上灘西組	下灘郷
文政11年(1828)						
(旧編成)(灘三郷)	今津郷		上灘郷			下灘郷
所属村名	今津	西宮町	打出　芦屋　深江　青木　魚崎　住吉	御影　石屋　東明　八幡	新在家　大石　岩屋　稗田　河原　五毛	二ツ茶屋　神戸　走水　脇浜

(注)『日本酒の歴史』を補訂

成長する灘酒造業

享保（一七一六〜三六）末期からの米価下落に対処するため、江戸幕府は元禄の株改めで強化した酒造統制を緩和するにいたる。すなわち、宝暦四年（一七五四）に勝手造《かってつく》り令《れい》を実施して自由な酒造を奨励し、厳禁であった農村の酒造も容認した。そのため、商品貨幣経済の発達していた灘の諸村にも酒造業が急速に広がったが、灘では酒造家の多くが下り酒の江戸積《えどづみ》酒造業を営むのを目途《めど》とした。

灘の諸村が尼崎藩より江戸幕府の代官領に上知《あげち》されたのは、明和《めいわ》六年（一七六九）のことである。すでに有力な村方《むらかた》酒造業として、かつ江戸積酒造業としても、急速な成長をみせる灘の諸村を直接的に掌握することが、灘幕府領化の最大の理由である。

いっぽう灘に隣接する西宮は、宿場町として栄え、大坂町奉行所の支配下にあり、西宮の酒造業は、江戸時代前期にはすでに町方酒造業として、かつ江戸積酒造業として、上方でも最有力の位置にあった。ここに、同じ江戸積酒造業の地域に接して、村方酒造業としての新進の灘酒造家と、既存の町方酒造業として最有力な西宮酒造家とのあいだに、酒造をめぐる利害対立が顕著となった。

西宮をはじめ、町方酒造家の多く集まる上方九郷と、灘三郷の酒造家との対立を調整するため、天明《てんめい》年間（一七八一〜八九）に結成されたのが、「江戸積摂泉十二郷《えどづみせっせんじゅうにごう》酒造仲間」である。十二郷酒造仲間は、つぎのような地域編成であった（図6参照）。

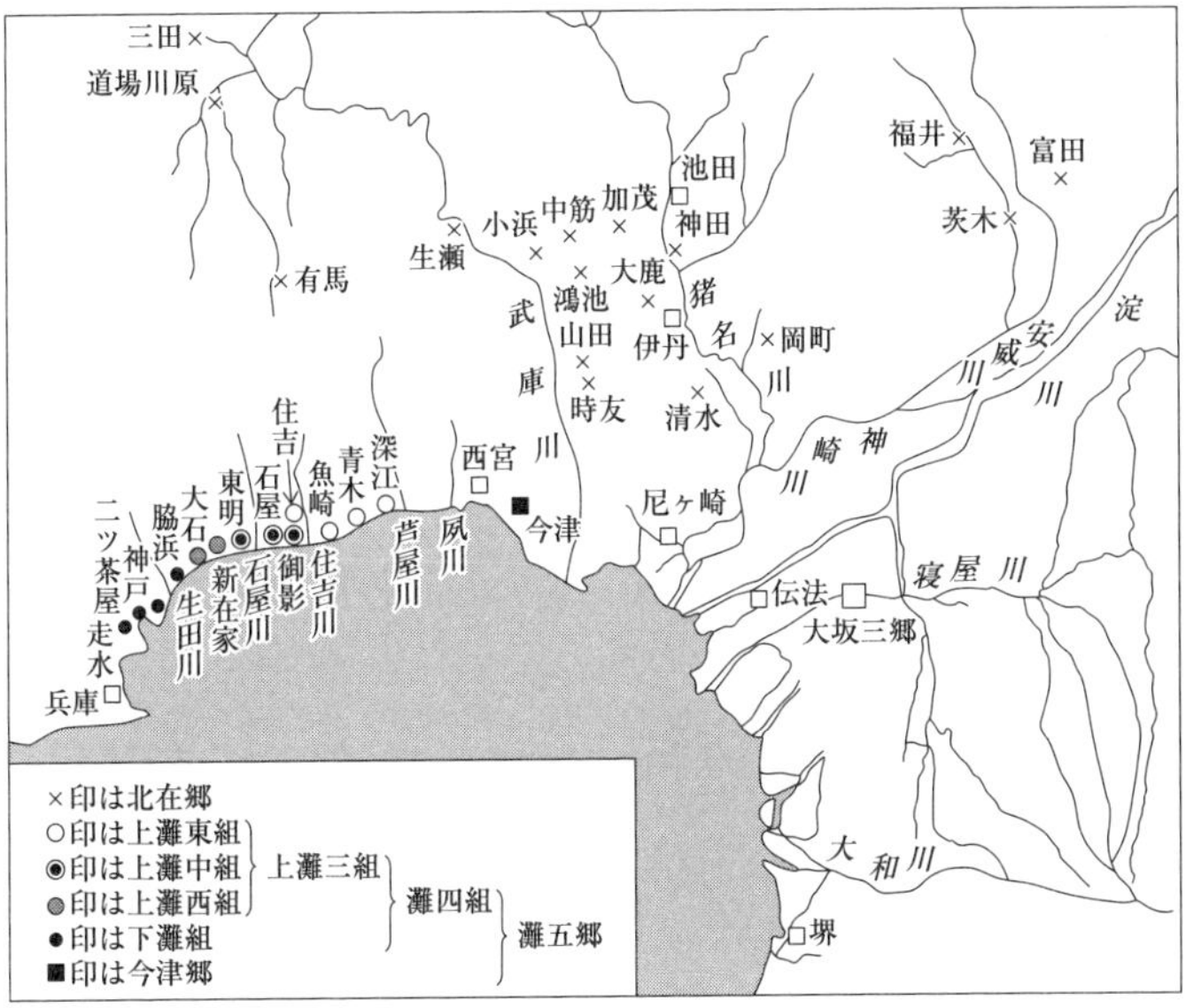

図6　摂泉十二郷の地域図（柚木学『酒造りの歴史』雄山閣出版，1987年より作成）

上方九郷…大坂三郷・伝法《でんぽう》・北在《きたざい》・池田・伊丹《いたみ》・尼崎・西宮・兵庫・堺

灘三郷……今津・上灘・下灘

天明五年（一七八五）では、両者の江戸入津樽数は、上方九郷が二七万樽に対し、灘三郷は三六万樽とすでに上まわり、灘酒造業の急成長ぶりがうかがえよう。

寛政の改革では、元禄株改め以来の酒造統制策が採用された。天明八年には株改めを実施し、以後に行なう減醸令の基準とした。さらに寛政二年（一七九〇）には、下り酒の江戸入津国をそれまでの実績により限定し、かつ入津樽数も全体で三〇万樽から四〇万樽に制限する、いわゆる「下り酒十一か国制」を定め、翌三年から実施に移した。寛政改革のため、灘酒造業の成長も一時的に停滞する。

下り酒十一か国とは、山城《やましろ》・河内《かわち》・和泉《いずみ》・摂津・伊勢《いせ》・紀伊・播磨《はりま》・丹波《たんば》の八か国と、東海の尾張《おわり》・三河《みかわ》・美濃《みの》の三か国をさし、東海三か国の下り酒は、江戸と上方の中間に位置するところから、中国酒《ちゅうごくしゅ》（中心は愛知県知多半島）と称されるようになる。

文化三年（一八〇六）に、江戸幕府は勝手造り令を発し、寛政改革の酒造統制を廃止したところから、再び酒造奨励の時代に突入する。勝手造り令の背景には、徳川家斉《とくがわいえなり》の大御《おおご》所時代《しょじだい》といわれる奢侈《しゃし》な消費風潮の高まりと、米価下落の経済状況が伏在していた。

文化三年の勝手造り令により、下り酒はうなぎのぼりに増加、文政四年（一八二一）には江戸入津樽数が一二二万樽を超え、江戸時代の最高数を記録する。全体一二二万樽のうち、灘は七二万樽で六〇％をしめたが、西宮は八万樽の七％でしかなかった。灘酒造業は文化・文政期（一八〇四～三〇）に最盛期を迎え、全国的にも抜きん出た位置をしめるようになり、町方酒造業の西宮を圧倒した（『日本酒の歴史』）。

文政一一年、灘の諸村は灘三郷から灘五郷へ発展する。

灘酒造業が最盛期を迎えた文化・文政期のころから、灘で造りだされる日本酒は、そのたぐいまれな銘酒ぶりから〝灘の生一本《きいっぽん》〟なる称賛が与えられるようになる。生一本とは、まじりけのない清酒のことである。

灘酒の量産化技術の完成

生一本と称《たた》えられる灘酒の銘酒ぶりは、〝すっきり〟とした上質さにあるが、灘酒《なだざけ》特有の〝すっきり〟感は、十水《とみず》という高い吸水率に求められ、十水の高い吸水率が灘酒の特質のひとつである量産化を実現に導いた。

十水とは、石水《こくみず》ともいい、蒸米一〇石に対し仕込み水一石の吸水率のことをいう。つまり、一〇〇石の白米から一〇〇石以上の酒を造るわけで、灘酒がはじめて実現させた高い吸水率である。十水が灘酒の仕込み基準に位置づけられたのは、嘉永《かえい》元年（一八四八）のことであり、これが、灘酒造業における量産化技術の完成どきとなる。

しかし、仕込み水の増量で酒造量を増産しても、高濃度の酒質を保持して、かつ〝すっきり〟感のある酒に仕上げるためには、それ以前に、蒸米に添加する麴の量に工夫を加えるなどして、寛政五年には六水《ろくみず》の実現（蒸米一〇石に対し仕込み水六升）、天保七年（一八三六）には九水《くみず》の実現（蒸米一〇石に対し仕込み水九升）など、酒質改良の技術的な蓄積がみとめられる（『日本酒の歴史』）。

水車精米と酒質の向上

灘酒の量産化を、原料白米の大量確保により支え、さらに酒質向上の面で貢献したのが、水車精米である。

日本酒に仕込む酒米《さかまい》は、玄米を白米にする必要がある。伊丹諸白《いたみもろはく》など従来の酒づくりでは、人の足で杵《きね》を操作する「足踏《あしぶ》み臼《うす》」が一般的であった。しかし、人力による精白には限界があり、一時に大量の白米確保は困難であった。だが、灘地方には六甲《ろっこう》の山並みがあり、夙川《しゅくがわ》など有数の河川にも恵まれ、天明四年（一七八四）には、すでに二〇〇軒あまりの精米水車が稼働していた。水車の威力は足踏み臼の比ではなく、数倍の精白力があった。六甲山系に広がる精米水車群が、灘酒の量産化に必要な白米の大量確保を支えた（『日本酒の歴史』）。

米の胚芽には豊富な栄養分があるが、酒母やもろみ（醪）の育成にはかえって阻害となり、デンプンに未消化の部分が残ってしまうと、味落ちの要因となる。いっぽうで胚芽の下層にある芯質の部分こそが、酒の味と香りを醸しだす源泉であるから、うま味があり良香の酒を造るには、胚芽はできるだけ取り除く必要があった。しかし、胚芽自体は非常に硬いため、足踏み臼などの研磨力ではとても歯がたたない。その点、水車の研磨力は、一粒の米から二割五分から三割五分も、胚芽を削り取ることができた（篠田次郎『日本の酒づくり』）。

日本酒づくりに適する米は、その一粒は大粒だが、二割五分から三割五分も胚芽が削り取られて小粒となり、酒米として仕込まれることで、芳醇な香りのある灘酒が醸しだされた。水車精米が、灘酒の酒質向上に貢献した。

宮水の発見

宮水《みやみず》は「西宮の水」の略称で、西宮市の海岸近く、東西五〇〇メートル、南北一キロのごく限られた範囲が、宮水の湧出するところである。この範囲には、昭和四〇年（一九六五）に建立された「宮水発祥之地」碑があり、碑の周りには、全国的に名の知られている酒造大企業の社屋が多数建ち並び、かつ白銀製などの貯水タンクをともなう各大企業の宮水取水井戸が、いくつも点在している。

銘酒には名水がつきものだが、宮水は名水中の名水である。宮水を仕込みに用いた灘酒は、いずれも〝秋晴れ〟と称されるような、〝すっきり〟とした味わいがあった。そのうえ、熟成のため夏を越して貯蔵しても腐敗することが少ない、ほかの名水では得ることがまれな特性があり、世人はこの特性のある灘酒をさし〝延びのきく〟と褒め、大いに称《たた》え

図7　宮水発祥之地碑（兵庫県西宮市）

た。

貯蔵中の酒を腐敗させる最大の元凶は、仕込み水にわずかに含まれる鉄分の酸化にあるが、宮水の鉄分は皆無《かいむ》に近いことが、すでに明らかにされている（秋山裕一『日本酒』）。まさに宮水がもつこの名水特性こそ、灘酒の銘酒ぶりを決定的にした。

宮水の発見者は、上灘の魚崎郷で酒造業を営んだ山邑《やまむら》太左衛門《たざえもん》である。太左衛門は西宮でも酒蔵を営んでいたが、西宮蔵のほうが魚崎蔵の酒に比べ、上質なことに気づく。天保五年（一八三四）ごろのことであった。そこで、両蔵の杜氏を入れかえて試造、結果が同じことから、杜氏の技術的な相違によるのではなく、仕込み水の相違によると、予断を得た。以降は連年にわたり、魚崎蔵での酒造はその一部を西宮蔵の井戸水で試醸したところ、その一部がつねに上質な酒であったことから、西宮の水の名水ぶりを確信するにいたる。天保一一年、太左衛門はすべての酒造を西宮の水で敢行、でき上がった上質な酒は、江戸の需要者に賞賛をもって迎えられ、西宮の水の評判も一気に高まり、灘の酒造家が一斉に西宮の水を求めるようになった（『宮水物語』など）。

しかし、西宮の水は、同じ魚崎郷の雀部《ささべ》市郎右衛門《いちろううえもん》により天保八年（一八三七）に発見された、との異説もある（『灘酒沿革誌』）。

この西宮の水が、いつしか「宮水」と呼ばれるようになる。

灘酒造地の形成

江戸幕府は天保三年（一八三二）に株改めを断行、天保七年には全国的な大飢饉を理由に、再び酒造統制を強化した。そして、天保の改革では、天保一二年に株仲間を解散し、運上や冥加《みょうが》（ともに江戸時代の営業税）などの打ち切りを断行したが、酒造業に限っては、酒造株は酒造稼《しゅぞうかせぎ》と改めたのみで、冥加銀などは存続させるなど、実質的に従来の仕法《しほう》をみとめた。酒造稼は天保一四年には、酒造鑑札《しゅぞうかんさつ》に改めた。天保期に断行された一連の酒造政策により、灘酒造業はそれまでの最盛期から一転して、停滞期に突入していった。

灘酒造業の、西宮酒造業に対する圧倒的な地位は、幕末まで持続する。天保一一年に、対抗酒造地の西宮町で宮水が発見されたことは、灘酒造業にとっても画期的なことであった。酒質の高品位が可能となる源となったところから、灘の酒造家は競って宮水を求め、宮水井戸の取水権を得たり、水くみ人夫《にんぷ》や水船《みずぶね》などによる宮水の搬送など、さまざまな工夫を講じたりした（『宮水物語』）。

宮水の発見は、西宮の酒造業にも恩恵となり、隆盛をもたらす結果となった。西宮の摂泉十二郷にしめる江戸入津樽数とその割合は、宮水発見前の文政四年（一八二一）は七万九〇〇〇樽、七・六％であったが、発見後の慶応二年（一八六六）には、一一万三〇〇〇樽、一六・六％にも急増した（『白鶴二百三十年の歩み』）。

明治維新後には、灘酒造家による宮水周辺への進出が続いた。明治一九年（一八八六）、灘酒造業は摂津灘酒造業組合を設立し、宮水の発見をきっかけに隆盛に趣いた西宮を包込み、いっぽうで宮水から最遠隔地にあって、その確保に困難をおぼえる下灘郷は分離し、灘五郷の新しい編成としたところから、近代の灘酒造地が形成された。

灘の高級酒づくり

灘酒の特質のひとつは、量産化の達成にある。いまひとつの特質は、立秋から立春過ぎまで一年近くもの酒づくりから転じ、寒造りのみに特化したことにある。しかも、仕込み期間の短縮を図った。仕込み期間は、寛政一二年（一八〇〇）には一四六日もあったが、文政一二年（一八二九）には一〇七日に、嘉永三年（一八五〇）には九一日となり、標準仕込み期間一〇〇日の短縮に成功している。

灘酒造業が寒造りの期間短縮を図ったわけは、他の酒造地に伍して、下り酒市場で優位を確保するためには、競争相手に先んじ、できるだけ早く酒を造り、できるだけ早く江戸市場に積みだす必要があったから、といわれている（『日本の酒の歴史』）。

加えて、いまひとつ短縮を図るわけがある。それは、〝延びのきく〟灘酒づくりと深くかかわる。延びのきいた、充分に熟成した酒を造るわけは、味も香りも色沢《しきたく》も上質な高級酒を造るためで、当然、価格も高価となる。延びのきく酒とするには、春に火入れをしてでき上がった新酒は熟成させるため、長期にわたり貯蔵し、雑菌の繁殖しやすい暑い夏を凌《しの》がなければならない。酒蔵《さかぐら》は大構えの土蔵造りにして、冬は暖かいが、夏に涼しい構造とし、筵《むしろ》などで貯蔵桶を夏囲《なつがこ》いする。夏を凌ぎきり、熟成して秋に飲む酒が「冷《ひや》おろし」である。味も香りも色沢も充分な高級酒である。

夏を凌ぎきり、秋になると、貯蔵の酒は古酒《こしゅ》といわれる。また、暮れから翌春にかけての酒は、大古酒《おおごしゅ》ともいわれる（坂口謹一郎『古酒新酒』など）。

天保一一年（一八四〇）発見の宮水が、その名水性から〝延びのきく〟灘酒づくりを可能とし、酒質の高品位を実現させる決定打となったことは再説するまでもない。しかし、酒はでき上がりから一年をすぎるあたりから、急速に味落ちがすすむため、高級酒はそうなる前に売りつくさなければ、大変な損害が生じる。下り酒市場の江戸で消費が高まるのは冬で、正月前後の暮れから二月にかけて最高潮となるから、この時期に高級酒の販売照準をあわせて高利潤を得るためには、前年の寒造り期間はできるだけ短縮し、熟成の最盛期を消費の最高潮時に合致させる必要があった。

灘の寒造りは、高級酒づくりも目途《もくと》とした。

寒造りの完成

灘の酒造業は寒造りに特化し、量産化を図った。短期間の大量生産を実現させるため、生産設備は大型となり、千石《せんごく》規模の大きな酒蔵をいくつももつ巨大酒造家が、いく人も出現した。千石蔵《せんごくぐら》とは、一日に一〇石ずつ原料米を仕込み、一〇〇日で合計一〇〇〇石とし、一冬一〇〇〇石以上の酒を造る蔵をさす。寒造りによる千石蔵の多数な出現は、極寒の時季に、一時に大量の酒造労働者が必要となることも意味する。

杜氏は、独立した酒づくり技術者であるが、同時に、酒蔵で酒づくりに従事する働き人《はたらびと》の統率者でもある。杜氏と働き人は、あわせて蔵人《くらびと》ともいう。杜氏は、寒造りが始まるころ、自身の出身地からいく人もの働き人を引率し、年来つきあいのある出稼ぎ先の酒造家のもとにいたり、彼らを統率しながら一〇〇日以上にわたって働いて酒を造り、酒ができ上がると、また彼らを引率し、帰郷した。これら出稼ぎ型の杜氏集団は、その出身地名などを冠称し、丹波《たんば》杜氏・播磨《はりま》杜氏・越後《えちご》杜氏・南部《なんぶ》杜氏などと呼ぶ。

灘の寒造りが求めた大量の酒造労働者が、丹波杜氏である。丹波国篠山《ささやま》（兵庫県篠山市）の丹波杜氏は、元禄時代から享保期にかけて発祥したとされるが、確実視できるのは享保期（一七一六～三六）である。なぜなら、一般的に農村に商品貨幣経済の浸透が増すのは元禄時代（一六八八〜一七〇四）だが、農民層の分解がより進行して、それまで統制のために他国出稼ぎが禁じられていた農民に、収入確保のための村外流出が容認されるようになり、下層農民の出稼ぎの激しくなる時期が、元禄時代のつぎの享保期からだからである。

そして、宝暦四年（一七五四）の勝手造り令をきっかけとして、灘酒造業が成長期に入ると、丹波杜氏は灘に進出し、文化・文政期（一八〇四〜三〇）には本格化させ、つぎの天保期（一八三〇〜四四）から明治前期には、それまでの播磨杜氏や灘杜氏などにかわり、圧倒的となる。

千石蔵の基準的な蔵人数は、わずか一二人。この人数で一〇〇日のあいだに一〇〇〇石以上の酒を量産するためには、酒母づくりから三段に仕込むもろみづくりなど、一連の酒造工程の連日にわたる繰り返しに対処し、適確な労働編成とその厳格な運用という労働の強化、および十水にまで高めた酒造技術の進歩があって、はじめて可能となる。灘の酒造業が十水を灘酒の仕込み基準に位置づけたのは、前述のように嘉永元年（一八四八）のことであった。ここに、伊丹諸白《いたみもろはく》のもっていた寒造りと量産化の両限界は、およそ一五〇年を経てすべて払しょくされ、灘の寒造りが完成した。

杜氏の出稼ぎと寒造りの普及

関東の寒造り

灘の寒造り完成の過程で、丹波杜氏にとってかわられる地元の灘杜氏のなかから、寛政期（一七八九～一八〇一）以降、毎年のように、山城《やましろ》・近江《おうみ》・河内・和泉・紀伊をはじめ、若狭《わかさ》・武蔵《むさし》・下総《しもうさ》・常陸《ひたち》などの国々にまで、酒造出稼ぎに従事する杜氏があらわれるようになる（『日本酒の歴史』）。

そして、江戸時代後期のこのような灘杜氏による畿内や北陸、関東などへの他国稼ぎが、灘流の優れた酒造技術を地方に伝える役割を果たし、地域の寒造りと結びつき、寒造りへの移行が始まり、明治期に入ると、国内の日本酒づくりはすべて寒造りに統一される。

関東の日本酒づくりが寒造りに移行しはじめるのは、文化・文政期（一八〇四～三〇）からで、安政年間（一八五四～六〇）からは普及期に突入するが、この寒造りの関東普及を支えたのが、越後《えちご》杜氏である。

越後杜氏の発祥は、江戸時代中期の宝暦年間（一七五一～六四）に求められる。文化三年（一八〇六）の勝手造り令を契機に、関東でも酒造業が隆盛となり、しかも寒造りへの移行が進むようになると、冬季出稼ぎの越後杜氏に対する需要も増大し、越後杜氏は他国稼ぎの灘杜氏などから灘流の優れた酒造技術を吸収しつつ、関東に進出し、天保期（一八三〇～四四）の出稼ぎ人は一万人を超え、第一次ピークを迎えた。

量産化を特色にもつ灘の寒造りは、嘉永元年（一八四八）に完成する。関東でもつぎの安政年間から、設備や規模に灘酒造業との相違はあるものの、冬季に酒を仕込み、一定の量産を目途《もくと》とする寒造りへの移行が加速し、明治のあいだに寒造りに統一される。そのため、越後杜氏の関東出稼ぎも、安政年間から明治・大正期にかけて第二次ピークを迎え、全盛期の出稼ぎ人数は二万人を超えた、とされる。関東の寒造りは、越後杜氏がその普及を担った（中村豊次郎『越後杜氏と酒蔵生活』）。

越後酒造地の小酒造家

越後の日本酒づくりは、河村瑞賢による寛文一〇年（一六七〇）の東廻り航路、同一二年の西廻り航路と、両航路の開発をきっかけとして、それまでの高田・長岡・村松・新発田《しばた》など諸藩の城下町に加え、直江津《なおえつ》・柏崎《かしわざき》・出雲崎《いずもざき》・寺泊《てらどまり》・新潟・岩船《いわふね》の港町を中心とした海岸筋《すじ》や河川交通の要所、山間部では北陸・信越・三国など、街道沿いの宿場町などに発達した。そして、元禄時代（一六八八〜一七〇四）には、寒造りへの志向が始まった、とされる（『新潟県史』通史編4）。

越後の酒造業は、文化・文政期から地主酒造業が発展し、新規の小酒造家を多数輩出して、全体として広汎な発達がみられた。そして、幕末の慶応三年（一八六七）には、表5の「幕末越後の酒造家」にあるように、佐渡《さど》地方を除き、七郡下五二六か町村に、八〇〇場を超える酒造家が確認できるようになる。

表5　幕末越後の酒造家

区　域	郡　名	町村数と場数
下　越	岩船郡	村上ほか36か町村57場
中　越	蒲原郡	新発田ほか150か町村241場
	三島郡	出雲崎ほか36か町村73場
	古志郡	長岡ほか21か町村48場
	魚沼郡	小千谷ほか53か町村77場
上　越	刈羽郡	柏崎ほか45か町村72場
	頸城郡	高田ほか178か町村239場
（合計）	7郡	526か町村807場

（出典）「慶応三年越後醸造家一覧」（『新潟県酒造史』所収）より集計
佐渡は記載がない

このように、越後の酒造業にも信州と同様、江戸時代前期に町方中心の酒造業、幕末の小酒造家の農村族生という特色がうかがえる。そして越後杜氏は、関東の寒造りを支えたのと同様、出稼ぎ母村のある越後の寒造りも支えた（松本春雄『新潟県酒造史』）。

幕末の酒造業構造

すでにみたように江戸時代には、元禄一〇年（一六九七）の株改め〈統制強化〉→宝暦四年（一七五四）の勝手造り令〈統制緩和〉→寛政の改革（一七八七〜九三）〈統制強化〉→文化三年（一八〇六）の勝手造り令〈統制緩和〉→天保の改革（一八四一〜四三）〈統制強化〉→以降の統制弛緩と、酒造統制の強化と緩和が交互に繰り返された。このあいだに新規の開業による起業と、統制強化、業者間競争などによる廃業と、酒造家の興廃も激しく繰り返されたことはいうまでもない。

明暦三年（一六五七）に酒株が設定されて以来、酒造業の新規開業には、酒株の既得者から買得、譲渡、借株、分《わ》け株《かぶ》などの方法で酒株を入手するか、あるいは酒株を得ない無《む》高《だか》などの方法があった。無高は、領主の免許を得ない営業であり、統制期でなくとも厳禁であった。

ところが、宝暦四年および文化三年の勝手造り令は造石奨励策であり、無高の営業もみとめたところから、酒株をもたない酒造家が増えることになった。また、天保三年（一八三二）の株改めでは、灘を含め、摂泉十二郷の無高営業者に対し、運上銀・冥加金などの課税を条件に「新規株」を交付し、公認もしている。

しかし、無高の営業は、酒造特権をもつ酒造株仲間からは敵対視され、ひとたび株改めともなれば廃絶の対象ともなり得るわけで、不安定性と危険性がつねにともない、酒株を得ない隠密の起業は、新規開業の主流にはなり得なかった。

分け株譲渡とは、酒株の既得者から買得・譲渡などにより株高を分け株してもらい、もらい受けた株主が新規に開業するのである。たとえば、越後長岡藩の城下で酒造業を営む升屋《ますや》十左衛門《じゅうざえもん》は、寛政一二年（一八〇〇）に、城下関東町の小浜屋権太郎《おばまやごんたろう》、城外の太田屋平兵衛《へいべえ》と大崎屋六左衛門《ろくざえもん》へそれぞれ一〇石ずつ、寺山屋浜兵衛《はまべえ》に一五石、あわせて四五石を分け株し、譲渡した。十左衛門自身の株高は一八〇石であったから、分け株後では、自身の株高は一三五石に減じた。この場合、分け株を受けた四人の株主が、新規開業者となる（長岡市立中央図書館文書資料室編『長岡の鋳物師・酒造・石工』）。

株高は酒造米高を示し、酒造量を意味しないが、長岡藩にみるような株高一〇石程度の酒づくりは、営業者が杜氏を兼ねるような零細な規模であり、分け株をした者の株高ももちろん零細化する。すなわち、分け株譲渡は株高の細分化を意味し、零細な酒造家が再生産される結果となる。そのため、分け株譲渡は寛政の改革、天保の改革では禁止の対象となったが、統制強化期以外ではよく行なわれる新規開業法であり、分け株による新規開業者は、幕末になるほど多数となる傾向にあった。

酒株の既得者からそのすべてを買得したり、譲渡を受けたりする場合が最も一般的な新規開業法である。これは、旧株主から新株主へ酒株が移動し、酒造家の交代は行なわれるものの、酒造家全体の増減には変化はおよばないことになる。

灘酒造地の魚崎郷に本拠酒蔵をもつ嘉納屋治兵衛《かのうやじへえ》の株数と株高の推移が、つぎのように判明する。治兵衛家では、買得などで酒株を集め、千石蔵をいくつももつ巨大経営にふさしい株高としている。これは酒造経営の集中を意味し、集中度は幕末になるほど高い。

（年　代）	（株数）	（合計株高）
天明八年（一七八八）	二株	三九一五石
文化二年（一八〇五）	三株	五八八二石
文政九年（一八二六）	九株	一万一〇四三石
安政三年（一八五六）	二三株	一万一六三二石
明治元年（一八六八）	三三株	一万六三五九石

灘酒造地では、嘉納屋治兵衛と同様に、多数の酒造家が幕末になるほど酒株を集中させ、株高を高めた。この集中はいっぽうで、その分酒株を手放して廃業する酒造家が多いことも意味するわけで、酒造家の激減に結びつく（『白鶴二百三十年の歩み』）。

こうして、新規開業による起業と、統制強化や酒造家間の競争などによる廃業、集中にともなう廃業など、酒造家の新旧交代が激しく行なわれた結果、幕末には、地方の酒造地に小規模な酒造家が広範に展開し、摂津国西部の灘酒造地に、巨大な酒造家が集中して突出的に存在する、酒造業構造がみとめられるようになる。

近代の日本酒造地

明治初期の酒造業

明治維新と酒税・酒造施策

明治元年（一八六八年八月に慶応を改元）から同四年の廃藩置県《はいはんちけん》にかけては、明治維新のさなかで、府藩県三治の時代である。維新政府の直接的な支配のおよぶ範囲は、旧幕府領七〇〇万石あまりに置いた府県が中心であり、それとは別に三〇〇藩あまりがそれぞれ独自の支配領域をもっていた。だから、維新政府のつぎのような酒税や酒造施策が、府藩県域を超えて、全国統一的に実施される可能性はむしろ低かった。

明治元年五月　酒造営業税に相当する一時冥加《いちじみようが》の課税

明治元年八月　戊辰《ぼしん》戦争などによる米価騰貴に対処するため三分の一減醸令《げんじようれい》（東京都公文書館文書）

明治二年一一月　東北凶作などによる米価騰貴に対処するため三分の一減醸令（東京都公文書館文書）

明治二年一二月　酒造税に相当する年々冥《ねんねんみょう》加《が》の課税

したがって、明治四年（一八七一）七月に断行された廃藩置県により、全国は三府三〇二県に統一され、中央集権国家が実現してはじめて、全国統一的な施策が可能となった。さらに同年一〇月には、府県の合併を意味する改置府県が実施に移され、全国は三府七二県に統合される。

廃藩置県と同じ七月に布達された「清濁酒《せいだくしゅ》醬油《しょうゆ》醸造《じょうぞう》株鑑札《かぶかんさつ》収与《しゅうよ》」が、近代最初に実施された全国統一の酒税則である。この税則は大体、つぎのようにまとめられる。

①天保《てんぽう》改革以来の株鑑札《かぶかんさつ》を廃止して新鑑札を交付し、以後、酒造量の制限は設けない

②新規に営業免許鑑札の下付を願う者は、免許料として日本酒は金一〇両を納める

③免許税を稼ぎ人一人につき金五両、醸造税を酒代金の五分とし、毎年納める

これによって、従来の酒造特権としての酒株制度が全廃され、免許料さえ払えば、だれでも自由に酒造業が開業できるようになり、これを機に全国的に地方地主酒造家が多くあらわれてくるのである、と指摘されている（『白鶴二百三十年の歩み』）。

明治初期の全国的な酒造家数を知りたいが、残念ながら地方地主酒造家の急増期といわれる明治四年からしばらくのあいだは不明で、表6の「明治初期の全国酒造調査」にあるように、ようやく明治九年度から概要が明らかとなる。この表の明治九年度にみとめられる約二万六〇〇〇場の酒造家数などを根拠にして、同四年からの急増期には、全国の酒造家は三万場を超えていた、と推定されている（中村隆英「酒造業の数量史」）。

土着的な産業、土産的な酒

明治初期の酒造家が推定三万場として計算すると、元禄一一年（一六九八）の二万七〇〇〇場と比べ、三〇〇〇場ほど増えたことになる。しかし、三〇〇〇場が明治四年からの急増数も含めた増数とするときは、ほぼ同数の急減期を四年からの同時期に想定しなければ、明治九年度の二万六〇〇〇場には近づけない。したがって、四年からの急増が全国酒造家の老舗度合いでみたように、相当数みとめられるにしても、ここは急増数も含め、幕末から明治初期の段階では、二万七〇〇〇場ほどと推定したい。

この推定によるときは、元禄一一年から一七〇年あまりを経ても、酒造家数には大きなかわりがないことになる。これは、幕末の酒造業構造にみられたように、元禄時代（一六八八〜一七〇四）以降は新規の開業も多数であったが、廃業も多数であったために、両者は相殺されて、全国的な増勢は緩慢に推移したから、と考えることができる。

表6　明治初期の全国酒造調査

酒造年度	場数と内訳(%)など
明治9年度 (1876)	(全国)26171場 1000石以上　68(0.3) 100石以上　1000石以下　7368(28.1) 100石以下　18735(71.6)
	(出典)柚木学「山県良蔵訳「地租ヲ削減シテ酒類官売ヲ行フ説」」(『酒史研究』6),(典拠)『大蔵省租税局第9回報告』
明治10年度 (1877)	(全国)26078場
	(出典)同上,(典拠)『大蔵省租税局第10回報告』
明治11年度 (1878)	(全国)25480場　(兵庫県)1179場 3500石以上　9(0.04)　9(100)＊ 2000石以上3400石以下　31(0.1)　25(80.6)＊ 1000石以上2000石以下　127(0.5)　36(28.3)＊ 100石以上1000石以下　12077(47.4)　679(5.6)＊ 100石以下　13236(51.9)　430(3.2)＊
	(出典)深谷徳次郎「明治前期における酒税改正の史的意義」(『宇都宮大学教育学部紀要』第38号),(原典)国立公文書館「公文録」2A-31-2
明治13年度 (1880)	(全国)26889場
	(出典)税務大学校税務情報センター租税史料室『酒税関係史料集Ⅱ～大正時代から昭和終戦直後～』,(原典)第一回日本帝国統計年鑑,明治13年度以降酒造家数は一部を除き毎年分が判明する

＊兵庫県の場数(全国比)

つぎに、酒造量の一〇〇石は、日本酒づくりではひとつの分岐点とみられる。酒造主産地である灘の基準では、一〇〇石は約四人の雇用労働力、すなわち杜氏《とうじ》と働き人《びと》を含め蔵人《くらびと》が四人で足りる生産規模を示し、生産設備などに劣る地方でも、杜氏一人が雇主の家族労働力数人に加えて、他人労働力二人から三人で足りる規模である、とされる（長倉保「明治十年代における酒造業の動向」）。

これが一〇〇石以下ならば、酒造家が杜氏を兼ねて、規模に応じ単純労働者を数人雇うか、または杜氏が一人で雇主である酒造家の家族労働に依存するか、あるいは規模に応じ単純労働者を数人雇う程度で足りる、小さな生産規模を示している。

明治九年度の場合、一〇〇石以下の酒造家は一万八七三五場もあり、全体の七一・六％、四分の三近くもしめていた。この小規模な酒造家が多数をしめる特性が、「生産の地域的な集中度は低く、土着的な性格の強い産業」（「明治十年代における酒造業の動向」）、あるいはその酒は「地域差が比較的少ないという点で、きわめて土産《どさん》的性格の強い商品」（柚木学「日本における酒造業の展開」）、といわしめる由来となった。

しかし、明治九年度の出典には、地方別の酒造家数や酒造量は明示されていないから、土着的な産業、土産的な酒の生産を担ったにちがいない地方地主酒造家の広汎な存在は立証できても、灘酒造業の集中性や巨大性などを含めた国内の酒造業構造は立証できない。

その点、明治一一年度（一八七八）には、地方別の酒造家数と酒造量が判明し、酒造業構造が明らかにできるのである。

明治初期の酒造業構造

明治一一年度の場合、前掲表6の出典には、酒造家が一〇〇〇場を超える府県として、第一位は石川（富山・福井分を含む）の一四六九場、第二位は兵庫の一一七九場、第三位は島根（鳥取分を含む）の一一七三場、第四位は長野の一〇一九場、第五位は新潟の一〇一一場と、五県を挙げるが、石川と島根はこの時期には存在しない隣県分を含む数値であるから、実質の第一位は兵庫であり、同様に第二位は長野、第三位は新潟となる。

また、酒造量が一〇〇〇石以上二〇〇〇石以下の巨大酒造家は全国で一六七場あり、このうち、兵庫が七〇場で四二％の集中率を示し、兵庫はさらに二〇〇〇石以上三四〇〇石以下の三一場では八一％、三五〇〇石以上の九場では一〇〇％もの高集中率となる。

これは、国内では兵庫に一番多くの酒造家が存在し、かつ巨大酒造家が一番多く集中していることを明示している。兵庫県内でこれほどの集中度がみられる酒造地は、いうまでもなく灘しか該当するところはない。

幕末の信州酒造地では、どこの農村にいっても一、二軒の小地主酒屋がある、といわれるほどの発展を確認したが、長野が明治一一年度で全国第二位の一〇一九場とあるのは、酒造家の広汎な存在を明示しているが、やはり各酒造家の規模は小さく、地主酒造家が大部をしめる。

また、越後酒造地では、幕末に八〇〇場を超える酒造家が確認できるようになったが、明治一一年度では、新潟は全国第三位の一〇一一場であり、隣県の長野と同様に、酒造家の広汎な存在が確認できる。幕末以来、わずかのあいだに二〇〇場も急増した主因は、幕末段階では欠落していた佐渡地方の酒造家が加わったためであろうが、新潟酒造地の場合も、やはり小規模な地主酒造家が大部をしめる。

こうしたことから、明治初期には、地方の酒造地に小規模な酒造家が広範に展開し、灘酒造地に巨大酒造家が集中して突出的に存在する酒造業構造がみとめられる。これは、幕末から明治維新にかけての政治的な大変動を経ても、すでにみた幕末の酒造業構造がそのままかわりなく持続していることの明証であり、いっぽうで、これが幕末の酒造業構造をも反証することになる。

日本酒造地の変転

地方別の酒造量は、廃藩置県という中央集権国家成立の明治四年度(一八七一)から明らかとなる。これを整理した表7の「近代の日本酒酒造量上位五位ランキング」を手がかりにし、明治初期から昭和一二年(一九三七)に日中戦争が全面化する直前の同一一年度まで、七〇年近くにわたる酒造業の地域的な動

表7　近代の日本酒酒造量上位5位ランキング

明治4年度(1871)		(最初の異動年度)	昭和11年度(1936)	
全　国	296万石		全　国	398万石
①兵庫	35万石(11.8%)	⇒	①兵庫	58万石(14.6%)
②大阪	23万石(7.8%)	(明治20年度⇓)	②福岡	23万石(5.8%)
③愛知	19万石(6.4%)	(明治29年度⇓)	③京都	21万石(5.3%)
④長野	13万石(4.4%)	(明治11年度⇓)	④広島	18万石(4.5%)
⑤新潟	12万石(4.1%)	(明治10年度⇓)	⑤岡山	14万石(3.5%)
⑦福岡	11万石	(明治15年度↑)	⑥新潟	13万石
⑧京都	11万石	(明治30年度↑)	⑧愛知	11万石
⑨岡山	11万石	(大正8年度↑)	⑨長野	11万石
⑭広島	7万石	(明治29年度↑)	⑳大阪	7万石

(出典)　税務大学校税務情報センター租税史料室『酒税関係史料集Ⅱ～大正時代から昭和終戦直後～』

向を追ってみたい。

明治四年度では、前述のように第一位の兵庫には灘、第二位の大阪には摂泉《せっせん》九郷、第三位の愛知には中国酒の知多半島と、下《くだ》り酒《ざけ》の有力な酒造地が属し、第四位の長野と第五位の新潟には、いわば土産酒の酒造地が広がり、上位五位の地方にはいずれも、江戸時代から隆盛を維持する有力な酒造地の所在が確認できる。

このなかでも、兵庫の全国シェアにしめる地位はきわめて高く、明治四年度が一二%、昭和一一年度では一五%と、いずれもほかの地方に比べ突出しており、かつ兵庫の最高位は七〇年近くにもわたり不動で揺るぎがない。この高位が兵庫県内でも、灘酒造地の地位を示すことに異論をはさむ余地は少ないであろう。

明治一〇年に起きた西南戦争のころから、上位五位のランクに変動が生じはじめ、地方の交代がみられるようになる。まず、明治一〇年度に新潟、翌一一年度に長野がはじめて上位五位ランクを外れ、ついで大阪が明治二〇年度、愛知が日清戦争後の二九年度にはじめてランク外となる。これら地方は、その後またランク入りしたり、外れたりを繰り返しながら、昭和一一年度にいたる。だが、一一年度でも新潟は第六位、愛知は第八位、長野は第九位と、いずれも上位一〇位以内の位置にあり、近代ではこれら地方の後退度は低いといえる。

しかし、大阪だけは明治二〇年度の初ランク外から、日露戦争の明治三八年度までは、五位ランクの出入りを繰り返すが、そののちは明治四二年度が第一〇位、第一次世界大戦の始まる大正三年度（一九一四）は第一四位、不況期の昭和四年度には第二〇位と、大きく後退していった。

明治末期から始まった大阪の大きな後退理由については、摂泉九郷でも最有力の酒造地であった池田（大阪府池田市）や堺（大阪府堺市）が、ともに「阪神間の海岸部の灘と比べると運賃がかさむうえに輸送日数もかかり、東京方面など全国に移出するにはかなりなハンディを負っていた」というような、明治二二年の東海道線全通、同二七年の山陽鉄道神戸—広島間開通後に露《あら》わとなった、下り酒にかかわる鉄道輸送の発達上において、同じ阪神間にある灘と比べ、その恩恵にあずかることが少ない立地条件を挙げている（『新修池田市史』第三巻、『堺の歴史』）。

つぎに、昭和一一年度の上位五位ランクでは、第二位の福岡が明治一五年度に初ランク入りし、二三年度には、長期にわたり上位五位以内を確保する常在化を果たし、第三位の京都は三〇年度の初ランク入りと同時に常在化し、第四位の広島は二九年度に初ランク入りしたのち、三二年度から常在化、第五位の岡山は大正八年度に初ランク入りし、昭和五年度から常在化を果たしている。

これらのうち、七〇年近く前の明治四年度では、福岡が第七位、京都は第八位、岡山は第九位といずれも一〇位以内の高位をしめていたが、広島は同年度では第一四位、岡山は明治後半には一〇位以下に沈むことが多かったから、広島と岡山の上昇度は高いといえる。

そして、昭和一一年度の段階でこれら上位五位ランクをしめる地方には、つぎに言及するように、福岡には城島《じょうじま》、京都には伏見、広島には西条、岡山には玉島など、有力な酒造地の形成がみられるのであり、これら酒造地は西日本に偏在している。

このように、有力な酒造地のある地方には、近代七〇年あまりのあいだに、兵庫の揺るぎない最高位の持続と、愛知や長野、新潟などが属する東日本から、福岡や京都、広島、岡山などが属する西日本へ、大きな変転が確認できる。

西日本に偏在する有力な酒造地

福岡県の酒造地―城島

福岡県は、日本海と瀬戸内海、有明海《ありあけかい》の三つもの大海に接している。佐賀県との境をなす筑後川《ちくごがわ》が有明海にそそぎ込む湾口部から少しさかのぼったところに、筑後川に沿うように城島《じょうじま》（久留米《くるめ》市）の酒造地が展開する。

江戸時代、城島は久留米藩地に属し、明治四年（一八七一）の廃藩置県では三潴《みづま》県、明治九年に福岡県に統合されると、三潴郡の所属となった。明治から大正、昭和戦前にかけては、三潴郡下の三潴や城島、大川《おおかわ》などで産出される酒は総称して〝三潴清酒〟が通り名であった。だが、昭和一二年（一九三七）からの戦時統制下からは、企業整備などをきっかけにして、酒造組合の置かれていた城島を冠称し、三潴郡の酒は〝城島清酒〟と呼ぶようになる（『三潴町史』）。

さらに戦後には、〝九州の灘〟と呼ばれるほどに成長し、城島は全国的に知られる酒造地をさすようになる（『酒　九州の灘―城島』）。

城島の酒造業は、藩政時代には高額な冥加金を支払ってまで日本酒づくりにかかわる酒造家はごく少なく、文政一二年（一八二九）に江頭太右衛門、嘉永三年（一八五〇）に首藤重之進、文久三年（一八六三）に中村正助と、三人の創業が確認できる程度であった。

しかし、近代に入り、明治九年には早くも九場に増え、以後、明治一〇年の西南戦争による好況と戦後の不況、明治半ばの日清戦争前後の好不況、明治後期の日露戦争前後の好不況の時期を経て、段階的に成長する。福岡が上位五位ランク内の常在化を果たす明治二三年度は一万四〇〇〇石で、県産酒量一三万石の一一％をしめるにすぎなかったが、四〇年度には七万七〇〇〇石、同じく三〇万石の二五％に倍加したところから、県酒の主産地に位置づけられるようになる。

昭和一一年度の六万七〇〇〇石は、県産酒量二二万八〇〇〇石の二九％をしめ、県酒にしめる城島酒造地の地位はさらに高まった。

酒造家数では、明治二三年度が二六場、三一年度には八五場にまで大きく増加するが、以降は漸減し、四一年度まで五〇場台、昭和一三年度まで四〇場台を維持するものの、戦時の企業整備では一四場に急減した。戦後の昭和二七年度には、二二場に回復した。

城島酒造地の地位確立に最も貢献したのは、明治一九年の灘流酒造法試造の失敗後に、精力的に取り組んだ、筑後川の水質改良を中心とする「軟水醸造法」の開発にある（首藤謙『三潴清酒の沿革』）。

いまひとつは、明治二二年の九州鉄道の開通と、二四年の佐賀・熊本から博多を経由して門司《もじ》にまでいたる延伸、筑後地方産出の日本酒などに対する運賃割引の適用、および三〇年に九州鉄道が筑豊《ちくほう》鉄道・豊州《ほうしゅう》鉄道と合併し、筑後地方と筑豊地方が結ばれるなど、九州北部鉄道網の拡大と利便性の向上が指摘されている（『福岡県史』通史編近代(1)産業経済1）。これらから、城島酒の主な需要地が、筑豊の炭鉱地帯にあったことが想定される。

京都府の酒造地—伏見

江戸時代、伏見《ふしみ》は東海道五十三次《つぎ》の出発地で、淀川《よどがわ》舟運の要衝であり、高瀬川《たかせがわ》で結ぶ京都の玄関口にもあたり、人士の往来も激しく、多くの船宿《ふなやど》が軒を並べていた。幕末の政局は京都を中心に激動したから、船宿のひとつ寺田屋《てらだや》は、文久二年（一八六二）四月の薩摩《さつま》藩尊攘《はんそんじょう》派志士《はしし》による寺田屋騒動、慶応二年（一八六六）正月には大政奉還《たいせいほうかん》の立役者坂本龍馬《さかもとりょうま》を幕吏《ばくり》が襲った寺田屋事件などで知られる。また、戊辰戦争の開始を告げる慶応四年正月の鳥羽《とば》・伏見《ふしみ》の戦いでは、伏見は灰燼《かいじん》に帰し、文禄三年（一五九四）の豊臣秀吉《とよとみひでよし》の伏見城築城以来続く伝統ある酒造地も、大きな被害を蒙った。近代伏見酒造業の発展は、この戦災より立ち上がることから始まる。

明治四年（一八七一）の廃藩置県では、伏見は京都府紀伊《きい》郡に属し、二二年の市制・町村制により伏見町となる。それ以前、明治一〇年には神戸—京都間に東海道線が開通、一三年には稲荷《いなり》、山科《やましな》を経て大津へ延伸し、二二年に東海道線が全通すると、舟運は急速に衰退した。明治二八年には国内最初のチンチン電車が、伏見—京都間を走るようになる。伏見町はその後、昭和四年（一九二九）に市制を施行して伏見市となり、すぐ六年に京都市と合併して、京都市伏見区となった（『角川日本地名大辞典　京都府』）。

伏見酒造業について、明治初年からの推移をみると、初年の酒造量は一万石にも満たなかったが、明治二〇年度に三万石を超え、日清戦争後、京都が全国上位五位ランクに入って常在化を果たす三〇年度に四万石、日露戦争後の四二年度に五万石、以降は加速し、第一次世界大戦後の大正一〇年度（一九二一）には一〇万石を超えた。この増勢は昭和に入っても止まず、金融恐慌《きょうこう》の昭和二年度には一三万石を超えた。さらに、京都市に編入後の昭和八年度には、ついに一四万石を超え、戦時統制の始まる一二年度には、近代最高の一四万五〇〇〇石を記録するまでに急成長する。

いっぽう京都市内の酒造業は、伏見酒造業よりもさかのぼる歴史をもつ。中世では、洛中の五条坊門西洞院《ごじょうのぼうもんにしのとういん》にあった柳屋《やなぎや》の酒は柳酒《やなぎざけ》と呼ばれ、その銘酒ぶりは僧坊酒《そうぼうしゅ》に伍し、洛中のみならず、全国的に喧伝された。応永《おうえい》三二年（一四二五）と三三年の調査によれば、洛中の酒造家は、柳屋も含め二四五軒も数えたとされる（小野晃司『日本産業発達史の研究』）。

江戸時代では、既得特権を守ろうとする京都市中の酒造家と、市中に販路を求めようとする伏見の酒造家との対立が続いた。販路にかかわる対立は近代にも引き継がれたが、明治三九年度には、急成長を続ける伏見の酒造量が、明治半ばから四万石台を維持してきた京都市中の酒造量を陵駕してしまう。その後、両者の開差は広がるいっぽうで、昭和一二年度には三・四倍にもなった。すなわち、伏見市が京都市に編入されて伏見区となる昭和六年ごろには、京都の酒といえば伏見の酒をさすようになるのである。

伏見酒は、下り酒市場では灘酒《なだざけ》に比べ〝場違い酒〟と悪評されるほど酒質が低く、価格も低価であった。こうした低位な位置から挽回して、明治後半から急成長した要因については、伏見酒造地のリーダー的存在である大倉恒吉《おおくらつねきち》商店（月桂冠《げっけいかん》株式会社）と、このころすでに革新的な流通業者に成長した明治屋との提携にあった、といわれる。大倉商店は明治四二年に壜詰《びんづめ》工場を新設、四四年から「衛生無害防腐剤ナシ」の封かんつき清酒を販売した。そして、下り酒の独占的な取扱業者たる東京酒問屋の慣例的な樽《たる》取引に対抗し、壜詰販売で自信を得ていた明治屋と提携して、大正四年からこれを大量に東京市場に販売し、全国的に高い評価を受けるようになったことが、酒造地全体の発展につながった最大の要

図８　大倉恒吉（月桂冠所蔵）

図９　明治42年（1909）に稼働した壜詰工場の様子
（月桂冠所蔵）

因、とされる（石川健次郎「伏見酒造業の発展」）。

伏見酒造地の酒造家は、明治三一年度に二四場、それが大正元年度に三二場、同一五年度には四五場と増加した。もちろん、この間には廃業した酒造家も数場あったが、伏見酒造地の急成長は、新規開業による酒造家の増加によっても支えられた（堀田四一『伏見酒造組合誌』）。

広島県の酒造地―西条

大阪から山陽新幹線を下り、広島県に入ると、福山―新尾道《しんおのみち》―三原《みはら》―東広島―広島と駅舎が続く。途中、東広島駅で下車し、北方のJR西条《さいじょう》駅に向けてクルマを走らせると、まもなく林立の煙突群がみえてくる。ここが、酒都《しゅと》と呼ばれる西条（東広島市）の酒造地である。

広島県の酒造業も、江戸時代前期にあっては、広島藩や福山藩、三原藩の城下町、尾道や竹原《たけはら》の港町など町方《まちかた》が中心であった。しかし、中期以降は、村方《むらかた》の酒造業が急激に伸張するようになり、はじめは備後地方に栄え、しだいに西漸して三原を銘醸地とし、さらに三原を基点として安芸路《あき》（今日の呉《くれ》線沿線を中心とする）に延びていった（『広島県史』近世1　通史編Ⅲ、『広島県史』近代1　通史編Ⅴ）。

広島県の賀茂《かも》郡は、広島酒造業の西漸渦中にあって、呉（呉市）が属する安芸郡の東隣りに位置し、賀茂郡に属する西条町は、明治二三年（一八九〇）に成立する。江戸時代から明治半ばまで賀茂郡内の酒造業は、内陸部の西条町よりはむしろ、海運の便が得られる瀬戸内海沿いの内海《うちのうみ》・三津《みつ》・仁方《にがた》・竹原などに発達し、明治五、六年ごろの三津には、酒造家が二四場あり、酒造量も一万石に達し、郡内外の需要のみならず、六、七年ごろからは九州東海岸に移出を開始する盛況をみせた（『西條酒造一班』）。

賀茂郡の内陸部に位置する西条町の酒造業が発展の端緒をつかむのは、明治二七年の山陽鉄道神戸—広島間の開通にあった。鉄道輸送の便宜を得たこと、および日清戦争時、日露戦争時の需要急増に際会することで、酒造家と酒造量が激増する。

明治二一年度の賀茂郡酒造家は六四場、酒造量二万八〇〇〇石、それが四四年度には八六場、五万四〇〇〇石に増加、この酒造量は広島県産酒の三〇％あまりをしめ、賀茂郡の酒造地としての地位が確立したとされる。だが、賀茂郡産酒の中心は西条酒であるから、西条酒が、広島の明治二九年度の上位五位初ランク入り、さらに三二年度からの常在化に、主なけん引力となった。ここに、西条という賀茂郡の酒造地をさす代名詞が生まれた。

西条町の酒造家は、大正二年度（一九一三）が六場で、昭和一二年度（一九三七）には九場一六工場に増加した（『西條町誌』）。

大正七年度、西条酒の移出量は六万石、この移出先を移出量の割合でみると、県内が二九・八％と一番高く、これに愛媛の一一・五％と山口七・四％の二隣県分を加えると、四八・

七%の過半数近くをしめるから、西条酒は県内を中心に周辺諸県が最大の販売市場である。しかし、大消費地の東京（九・八%）および大阪（七%）で一七%、九州地方は、福岡（七・六%）と宮崎（六%）、大分（四・三%）の三県で一八%にもなり、ほかには北海道（七・七%）や、兵庫（六%）、および台湾（二・九%）などにも相当数を移出しており、西条酒の販路は全国的といえる（『西條酒造一班』）。

〝吟醸香〟のある酒の発祥地

広島酒の銘酒ぶりが喧伝されるようになるのは、大正はじめごろからであった。日本醸造協会が主催する全国清酒品評会は、東京の醸造試験所を会場として、明治四〇年（一九〇七）から隔年で始まった。当初、上位の優等酒は大部分、灘酒と伏見酒がしめたが、広島の酒は明治四二年の第二回で優等酒中に一点（二点か）入賞し、大正二年（一九一三）の第四回では三点も入賞。しかも、三等賞までの上位優良酒の県全出品酒にしめる割合も、広島酒は八〇%の好成績をおさめ、大正四年の第五回も同様な結果となったことから、広島酒の声価が一気に高まり、全国商品化につながった、とされる（『広島県史』近代1　通史編Ⅴ）。

広島酒の全国商品化にあたっての最大の功績者は、三津町（東広島市）出身で酒造家の三浦仙三郎《みうらせんざぶろう》である。仙三郎は明治一一年に酒造業を始め、灘など酒造主産地の視察を何度も繰り返しながら、精白度の向上、原料米の配合、温度の調節、酒造器具の改良、麴や酒

図10　三浦仙三郎翁像（写真提供：東広島市教育委員会）

母の改良に努めつつ、明治三一年、ついに「軟水醸造法」の創出に成功した。

軟水醸造法による三浦仙三郎苦心の「花心」は、仙三郎の死（明治四一年）後、後継者の三浦忠造により、明治四二年、第二回の全国清酒品評会で優等賞および一等賞を得た（『西條酒造一班』）。

さらに、三浦仙三郎はこの酒造法を家伝として独占せず、広島県内に普及させるため、杜氏《とうじ》の陶冶《とうや》に全力を傾け、三津《みつ》杜氏の養成に努めた。大正一四年の日本銀行調査によれば、県内杜氏三七八人のうち、三浦仙三郎創出の軟水醸造法を会得した三津杜氏は二九九人にもおよび、三津杜氏は県酒の主産地西条にも進出して、西条酒造業の技術的基礎を支えた、といわれている（『広島県史』近代1通史編V）。

西条町の木村静彦《きむらしずひこ》酒造（賀茂鶴《かもつる》酒造株式会社）は、明治四二年第二回の全国清酒品評会で優等賞および一等賞を受賞、以降は毎回の品評会で一等賞を受賞し、加えて大正六年の第六回では名誉賞と優等賞、大正八年の第七回でも優等賞を受賞した。

また、同町の島博二酒造は、第一回から七回まで連続一等賞を受賞、第四回と五回には優等賞も受賞、同じく石井峯吉酒造も第二回から連続一等賞を受賞、第五回・六回には優等賞、第六回では名誉賞も受賞した（『西條酒造一班』）。

酒米《さかまい》は精白度を向上させるほど、酒の風味が増す。これはすでに灘酒が立証し、杜氏の常識であった。西条町の木村酒造や島酒造、石井酒造が受賞した酒は、品評会のために特別に仕込み、精白度が高く、風味の増した〝吟醸香《ぎんじようか》〟のある酒だった、とみられる。

吟醸香とは、リンゴやバナナなどの果実に特有のフルーティな香りをさし、この芳香をもつ酒が〝吟醸酒〟である。吟醸酒も吟醸香も、その呼び名は大正一〇年から一二年ごろにかけて全国清酒品評会で発生し、吟醸酒が品評会審査の基準となるのは昭和初期であった（『日本の酒づくり』）。

食品産業総合機械メーカーの「サタケ」は、西条町に本社屋を構える。サタケ創始者の佐竹利市《りいち》は、明治二九年、国内最初の「動力精米機」を開発し、試験機は同じ町内の木村酒造で始動させた。ついで四一年に、金剛砥石《こんごうといし》を応用する「佐竹竪型金剛砂精米麦機《たてがたこんごうしやせいまいばくき》」の開発に成功した。これが国内最初の竪型精米機であるが、木村酒造はこの竪型精米機を用い、明治四二年に全国清酒品評会の出品酒を造った（松山善三『人間三代　佐竹製作所百年史』）。

同じ西条町内に、いっぽうに精白度を向上させて酒質を高めようとする酒造家がおり、その技術を志向する三津杜氏もいて、いまいっぽうに高度な精白が可能となる竪型精米機の開発者がいて、これら三者が交流し、全国清酒品評会の出品酒が造られるとき、吟醸香のある酒が生まれても何の不思議もない。すなわち、〝吟醸香〟のある酒は明治四二年、広島県の西条酒造地で発祥した可能性が大である。

岡山県の酒造地―玉島

大正半ば、岡山県酒造業の中心は県南の浅口《あさくち》郡であった。大正八年度（一九一九）、浅口郡の酒造家数は六三場、酒造量は四万七〇〇〇石となり、県産酒全体二二万石の二一％をしめた。岡山酒は大正八年度に、はじめて酒造量上位五位ランクに入り、すでに上位五位ランクの常在化を果たしていた広島酒と並び、中国地方の双璧といわれるほどに成長した姿をあらわした。そこで台頭する岡山酒の中心は浅口郡であったから、酒造地の命名にあたり、人口に膾炙《かいしゃ》し、かつ郡政の中心地であった玉島町《たましまちょう》の名を冠称し、玉島《たましま》としたいきさつが確認できる（『玉島酒造一班』）。

玉島は、明治二二年（一八八九）の市制・町村制では浅口郡玉島村、以降、町村合併を繰り返し、明治三〇年に町制を施行、アジア太平洋戦争後の昭和二七年（一九五二）に市制を施行した。玉島市は昭和四二年に倉敷《くらしき》市および児島《こじま》市と合併し、倉敷市に編入された（『角川日本地名大辞典　岡山県』）。

岡山県の玉島酒も、広島県の西条酒にみられたと同様、明治二七年の山陽鉄道開通までは、酒造業の中心は海運の便がある瀬戸内海沿いの港町などにあったが、開通後は鉄道沿いの玉島町や鴨方村《かもがた》などに移行した。

明治三〇年度から大正八年度まで、玉島酒造地の酒造家数と酒造量が判明する。明治三〇年度の酒造家は五一場、以降は増減を繰り返しながら逓減《ていげん》し、日露戦争後の四二年度には、三三場にまで減じる。しかし、その後は増勢に転じ、大正元年度は四一場、六年度が五一場、八年度は六三場にまで増加した。この間の酒造量は、三〇年度が一万二〇〇〇石、その後は酒造家数と同様の増減を繰り返し、日露戦争前の三五年度に七〇〇〇石と最低になる。しかし、以降は逓増《ていぞう》となり、大正元年度は一万四〇〇〇石と倍加、第一次世界大戦下でも増え続け、六年度は二万四〇〇〇石、八年度には四万七〇〇〇石の最高となり、同年度に岡山酒が上位五位初ランク入りした支えとなったのである。

大正七年度では、玉島酒の移出量は一万七〇〇〇石、同年度の西条酒が六万石だから、玉島酒の規模は西条酒の三分の一ほどに相当する。玉島酒の移出先を移出量の割合でみると、県内が三〇・八％で一番高い。しかし、次位の兵庫は三〇・一％で同程度である。大阪（一八・八％）の割合は比較的高いが、あとは広島（六・一％）、台湾（五・三％）、香川（三・七％）、朝鮮（二・五％）、東京（一・六％）、北海道（〇・六％）、鳥取（〇・三％）、静岡（〇・

一％）と、一〇％以下の移出先が続く。移出先数は西条酒とかわらないものの、各移出先の数量割合は大阪を除き、いずれもごく小さい。西条酒の販路が全国的なのに比べ、玉島酒は地方的といえよう。

大正時代、中国地方の酒取引にはつぎの三つの方法があった。

大卸《おおおろ》し…酒類仲買人に大桶《おおおけ》のまま販売

小卸《こおろ》し…各地の特約販売業者に、随時の注文により樽詰《たるづ》めにして販売

小売り…地方需要者に直接販売

大卸しは、アジア太平洋戦争後に一般的な「桶取引《おけとりひき》」が相当し、中小酒造家の酒を低価で買い取り、自醸の酒にブレンドして売るのであり、大手の酒造家がよく用いる酒造経営である。灘という大きな酒造地のある兵庫への移出酒は、いうまでもなく大卸しによる。

大正七年度の兵庫への移出量が、玉島酒造地では五〇八三石となり、玉島酒全体では三〇・一％にもなるのに対し、同じ中国地方の西条酒造地も同年度は三五九八石と多いものの、西条酒全体ではわずか六％にすぎない。玉島酒の兵庫への移出量の割合が高いのは、その分、灘酒造家の酒造経営から受ける影響がより高かったことを意味し、逆に、西条酒はより低いことになる。ここにも、玉島酒の販路が地方的で、西条酒が全国的という特色の一端をうかがうことができよう。

酒税と科学的な日本酒づくり

酒税と税収——戦費調達と日露戦争

全国酒造家の三つの急減期

明治初期から七〇年近くにわたる全国酒造家数の推移をみると、図11の「近代の酒造家数推移」のようになる。明治初期には最高およそ二万七〇〇〇場もあったが、その後、昭和初期には七〇〇〇場となり、明治初期と比べ二万場も激減し、しかも三つもの急減期が確認できる。

第一次の急減期は、明治一四年度（一八八一）からの五か年度で一万一七二二場減、減率は四四％と三つのなかでは一番減少した。

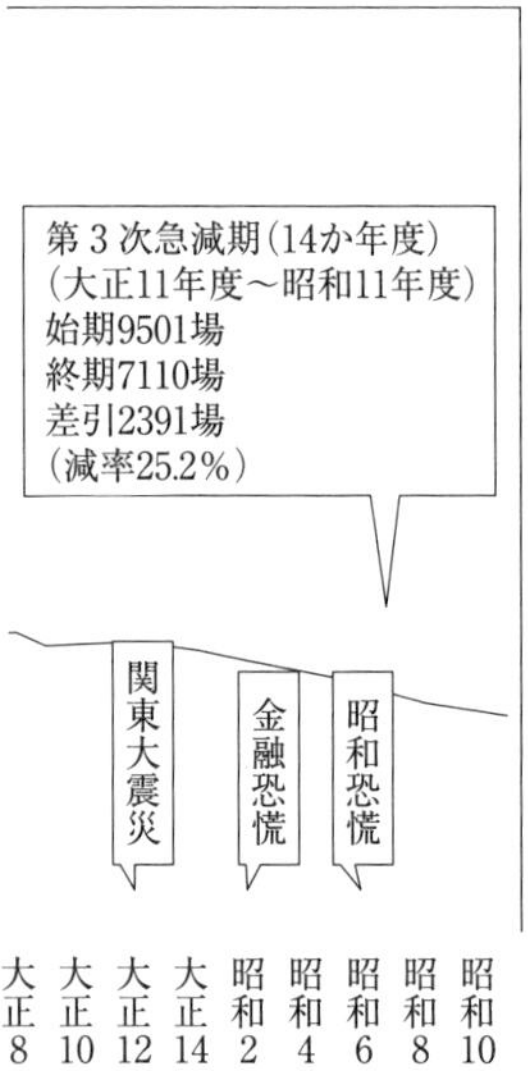

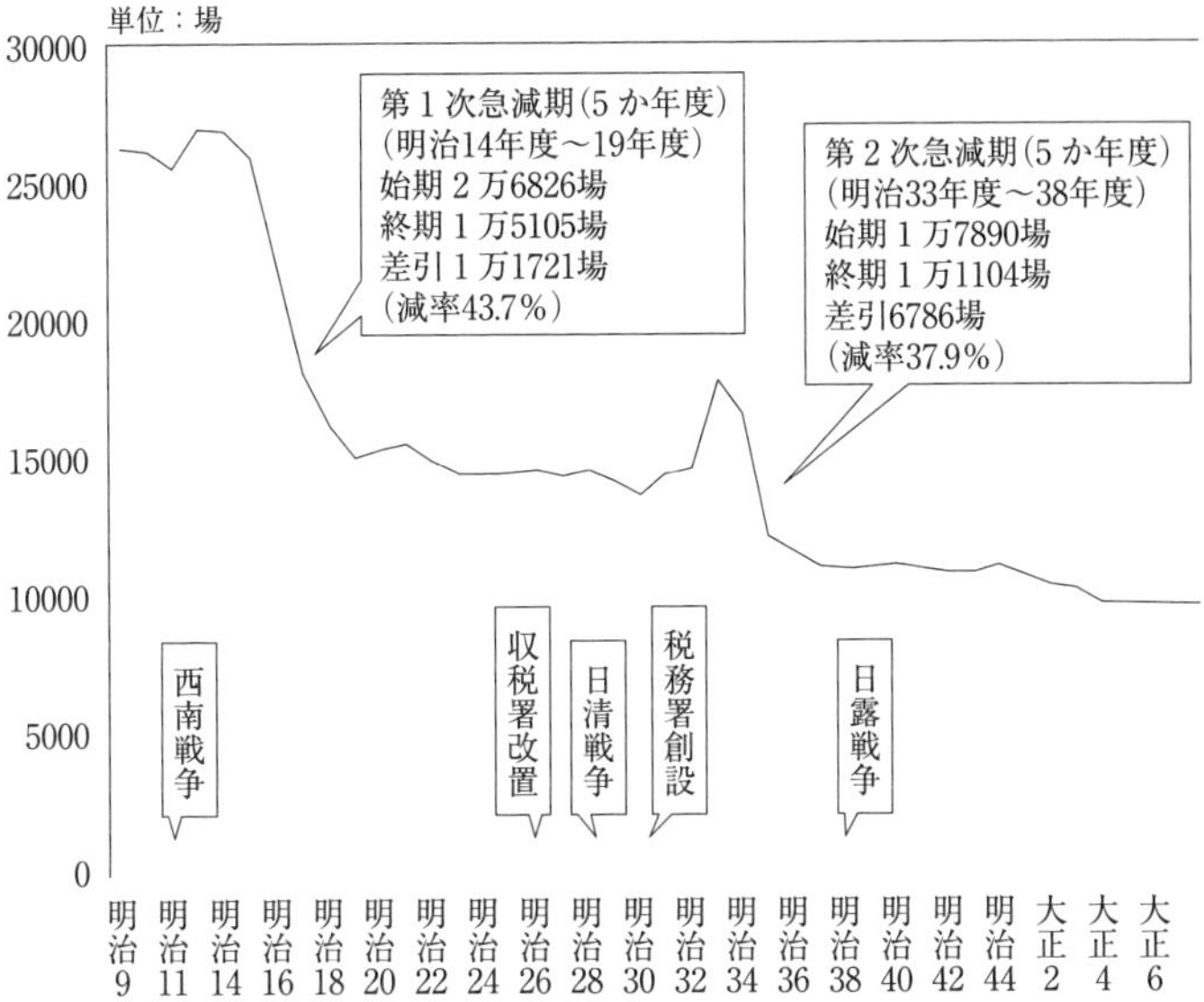

図11　近代の酒造家数推移

いっぽう明治三〇年度を底とし、三三年度までに四一〇〇場の激増期がある。この激増には、自家用酒税法の廃止が大きくかかわっている。

明治二九年制定の自家用酒税法では、濁酒《だくしゅ》・白酒《しろざけ》・焼酎《しょうちゅう》の三種に限り、免許を受けた者には、年間二石以下の造酒を許し、製造税二円を課した。この自家用酒製造者への課税は、対露戦に向け、日清戦後における経営費の財源確保策のひとつであった。

しかし、免許者が多く、税務職員による検査費など、徴収費のかさむ割には税収が伸び悩んだため、わずか三か年度の実施で、明治三一年には廃止された。廃止後、自家用酒の製造から日本酒づくりに転じたり、新規の参入者が増えたりして、酒造家の激増につながった。もっとも明治一五年に、日本酒の新規開業者に対しては、免許石数に一〇〇石以上という制限が設けられたから、一五年度以降の新規開業者には、相当の資力が求められるようになった。

第二次の急減期は、明治三三年度から日露戦争をはさむ五か年度で、合計六七八六場減、減率三八％になり、第一次につぐ激減であった。酒造家は明治末年度が一万一〇〇〇場、明治初期の二万七〇〇〇場から、明治時代に一万六〇〇〇場も減少させたことになる。しかし、酒造家の老舗《しにせ》度合いでみたように、創業年の一番多いのが明治時代だったから、これら大激減の背景には、酒造家の激しい新旧交代がみとめられる。

第三次の急減期は、大正一一年度から一四か年度と長期におよぶ減少で、全体の減数は二三九一場、減率は二五％である。この長期にわたる減少の原因が、大正一二年の関東大震災、震災不況に由来する昭和二年（一九二七）の金融恐慌、昭和四年末からの世界恐慌に起因する昭和恐慌と、経済不況の連続的な生起にあることは、指摘するまでもない。すなわち、連続的に生起し、長期にわたる大不況が日本酒の消費を大きく減退させ、これに日本酒の過剰生産が加わることで、多くの酒造家の酒造生命が奪われた、といえよう。

酒税の間税化

明治一四年度（一八八一）を始期とし、減率の最も大きい第一次の急減期では、毎年度に二三四四場を超える勢いで酒造家が消滅したことになる。明治一四年から一八年の松方正義《まつかたまさよし》大蔵卿《おおくらきょう》による財政政策は、松方デフレ政策といわれるように、国内に大きな不況を招来させたから、大激減の原因も経済不況がひとつである。しかし、大激減の原因には、いまひとつ酒税の間税（間接税の略称）化という問題が伏在していた。

周知のように、酒税は間接税である。酒造家が造り売った酒の代価には酒税分が含まれており、酒造家は代金の回収後にその酒税分を納税する。しかし、酒を買うのは消費者であるから、酒税は消費者の負担となる。これを「税の価格転嫁」といい、税の負担者と納税者が異なる間接税の特質をなすが、いっぽうで酒税は消費者が負担するから、その内じつは消費税である。酒税の価格転嫁を左右するのは消費者の動向にあり、酒税の増徴は消費の減退に結びつきやすく、消費減退の打撃は、酒造家の経営に直接的に影響し、経営が小さいほど過酷となる。

第一次の急減期が始まる前後、明治一一年の改正で、酒税は従価税《じゅうかぜい》から重量税に変更となり、醸造税は一石につき一円と定めたが、一三年には「造石税《ぞうこくぜい》」と改め、同じく二円に増税し、加えて酒造場一か所につき免許税三〇円を課すこととした。さらに、松方財政下の一五年には、同じく四円に増税、翌一六年度から実施に移し、新規開業者に対しては、免許制限石数を一〇〇石以上とする新制度を設けた。

明治九年度の場合、前述したように一〇〇石以下の小規模な酒造家は一万八七三五場、全体二万六〇〇〇場の実に七一・六％もしめていた。第一次急減期の始まる前後に実施された造石税の増税は、この小規模な経営を直撃する結果となり、税の価格転嫁ができなかった酒造家の廃業に直結した。この明治初期にみられる酒造家の大激減は、酒税の間税化にともなう小規模経営の冷酷な淘汰だったのである。

近代最初の酒税

酒税は、現行のように、消費者が負担する酒税を、酒造家が課税者に直接納税するようになるときが、間税化達成の指標とみたい。では、それはいつのことか？

元禄一一年（一六九八）創設の酒運上《さけうんじょう》は、間接税の一面をもったが、運上銀《うんじょうぎん》は酒造家の代表が徴収した。たとえば、伏見の酒造仲間では、仲間の代表たる「会所取締《かいしょ》」が酒会所《さけかい しょ》に詰め、酒会所の名で運上銀の納入を通知し、会所取締が受領し、三月、五月、七月、一一月の年四期に分けて、奉行所に納めた（『伏見酒造組合誌』）。

明治四年（一八七一）七月の「清濁酒醤油醸造株鑑札収与」で設定された醸造税が、近代最初の酒税である。しかし、醸造税の徴収自体は江戸時代の仕法《しほう》にならい、酒造家の代表が行なった。たとえば、新潟県では、県内の酒造家から選ばれた「醸造物代《そうだい》」が、醸造税の徴収と県庁納付、醸造税の滞納処分、課税標準である酒価の報告と決定などの事務を執り行なった、明治八年の事例が報告されている（内薗惟幾「税務署発足前の酒役人」）。

もっとも明治五年に制定された大区小区制では、小区下の町村は、戸長が「区中ノ総代ヲ支配シ、租税賦役《ぶやく》、戸籍ノ事務ヲ総理ス」とあるから、醸造物代は戸長のもとで徴収事務に従事したであろう。

明治一一年、醸造税の課税は従価税《じゆうかぜい》（取引価格を基準にして税率を決める課税方式）から、酒造家の造る酒の全量に課税が原則の重量税に改め、その造石検査《ぞうこくけんさ》などは府県職員の担当と定めた。以降、アジア太平洋戦争中に庫出課税《くらだしかぜい》（製造場から移出する際に移出高に応じて課税する方式）が導入されるまで、課税数量は酒造量をも意味することになる。

同じ一一年、大区小区制が廃止され、郡区町村編制法を施行、町村は一応自治体とみとめた。同年末に制定の「国税金領収順序」（『法令全書』明治一一年）では、町村戸長役場が国税を取りまとめるとし、醸造税も指定した。ここに、府県職員が造石検査を実施し、町村戸長役場が醸造税の徴収に直接従事することになり、民間人の醸造物代などは、徴収現場から離れてしまう。

明治一四年度の段階で、全国は七万一三〇か町村、戸長役場は三万五八九場（『内務省統計報告』第一巻)、酒造家は二万六八二六場だから、三か町村に一場の割合で酒造家が存在し、一戸長役場が一酒造家に満たない員数に対し、造石税の徴収に従事した計算となる。

明治一七年からは、収税機構に改変が続く。同年、府県には収税部を設け、同部に大蔵省職員の収税長を置き、収税事務の総管理者とした。翌一八年には、府県内に数区の租税検査区を設定し、府県職員が造石検査などに従事することになった。明治二二年、この検査区をひとつの基準とし、各郡市役所の所在地に、「府県収税部出張所」を設け、収税長のもとで府県職員が国税事務を執る地方機関とした。

収税署から税務署へ

明治二三年(一八九〇)に、前年二月公布の大日本帝国憲法に依拠し、第一回帝国議会が開会された。帝国憲法では租税法律主義を採用したため、租税の新設や改廃には、すべて帝国議会の議決が必要になった。

明治二二年設立の府県収税部出張所は、翌二三年に府県直税署直税分署・間税署間税分署、二六年には府県収税署と改置し、日清戦争後の二九年にはこの収税署を改変させ、全国には、税務管理局三二局のもとに、五二〇の税務署を創設した。

税務署創設の背景には、資本主義経済の育成強化、明治二七年から二八年の日清戦争勝利で得た台湾の経営、対露戦の準備経営など、日清戦争後に生起し、莫大な経営費が予想される国内外の財政事情があった。税務署の創設は、不平等条約の解消第一歩となる内地《ないち》雑居《ざっきょ》を目前に控えて、地方に散在的な税務機関を国家機関に統合して収税機構を強化し、税務行政の全国的な統一を図るためであった、といえる。

さて、明治二二年施行の市制・町村制では、全国七万一三一四町村を合併させて、一万五八二〇町村とし、従前の戸長役場は町村役場に吸収した。同年の「国税徴収法」（『法令全書』明治二二年）では、地租《ちそ》および勅令で定める国税の徴収は、町村役場が行なう国政委託事務と定め、造石税も指定した。そのため、府県収税部出張所の府県職員が造石検査を実施し、町村役場が酒造家から造石税を徴収する、従前と同様の制度が継続実施されることになった。明治二二年度の酒造家は一万四九九九場であるから、一町村役場が一酒造家の造石税を徴収した計算となる。

酒税の間税化達成

明治二六年（一八九三）に改置された収税署では、収税長が全権を握り、収税署の職制は「国税ノ賦課、徴収並《ならび》ニ間接国税犯則者処分及ビ徴税費ニ関スル事務」とし、国税の徴収は収税署に属す府県職員の執行と定めた。すなわち、収税署が造石検査を実施し、造石税の徴収事務に従事する決定がなされたわけで、現行のように、酒造家が直接課税者に納税するようになったときであるから、日清戦争直前に府県の直税署直税分署・間税署間税分署を収税署に改置したこの時点が、酒税の間税化が達成された瞬間とみたい。

明治二六年度の収税署は全国に四七九署、同年度の酒造家は一万四六二〇場であるから、一署で酒造家三〇場の造石税を徴収した計算となる。

相つぐ酒造税の増税

明治二九年（一八九六）に税務署が創設される直前、造石税は「酒造税」に改められ、かつ増税となった。その後に、酒造家の第二次急減期がおとずれる。この大激減も、その後の酒税の相つぐ増税の実施が一因と考えられるから、酒税の間税化達成後に生じた酒造家の冷酷な淘汰であった。

明治後半では、酒造税の増税はつぎのように連続的に実施されたが、増税の目的が日露戦争のための戦費調達に重点のあったことは指摘するまでもない。

（年　代）	（税率一石につき、など）
明治二九年（一八九六）	七円
明治三一年（一八九八）	一二円
明治三四年（一九〇一）	一五円
明治三七年（一九〇四）	一五円五〇銭（非常特別税法による五〇銭臨時増徴）
明治三八年（一九〇五）	一七円
明治四一年（一九〇八）	二〇円

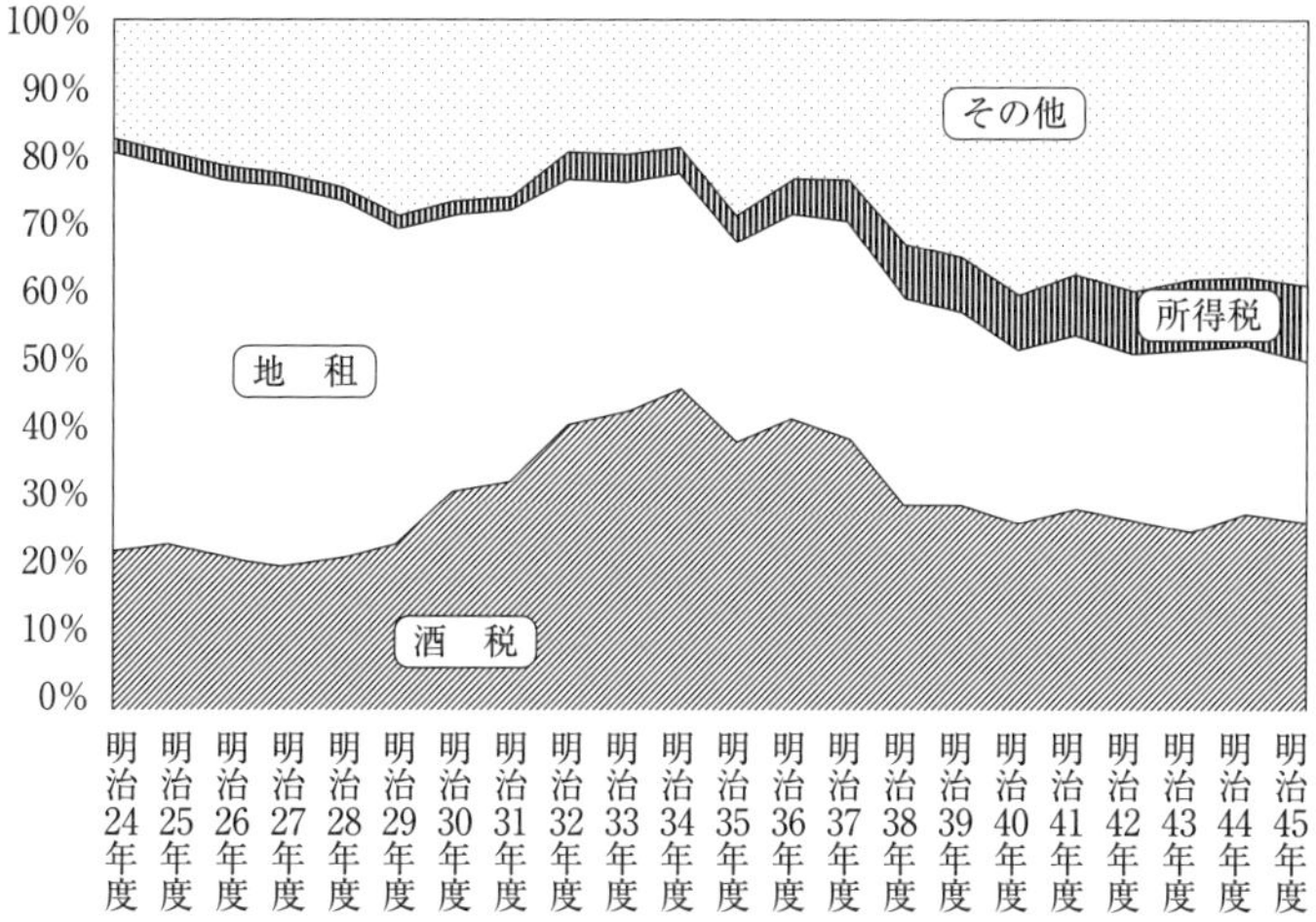

図12　三大基幹税の税収割合
『主税局統計年報書』各回より作成

売れに売れた日本酒

しかし、酒造家の大激減という冷酷さは、この時期の酒税収入が好調であったことにより覆われてしまう。

近代の三大基幹税は、明治初期の地租改正で設定された地租（土地に賦課される租税）と、明治二〇年に創設された所得税の二つの直税《ちょくぜい》（直接税の略称）、および間税である酒造税により構成される。図12の「三大基幹税の税収割合」は、各基幹税が国税収入の全体にしめる割合を明治後半期の各年度に追ったものである。

税収規模は、明治二四年度の六〇〇〇万円台から、明治四五年度（一九一二）の三億円台のあいだにある。一見して明らかなように、所得税の地位はまだ低く、また地租の高位は明治後半になるほど低くなる。

これに対して、酒税は明治二九年と三一年の増税で税収を伸ばし、三二年度には地租を上まわって、税収トップの税目に躍り出た。三四年の増税では同年度税収の過半に近い四七%もしめ、三七年の増税でも同じく四〇%と高い。三八年の増税で同じく三〇%、日露戦争後の四一年増税でも同じく三〇%と、やや下げるが、それでも地租を下まわることはなく、明治四五年度でも酒税の高位は持続している。

酒税収入には、日本酒に加えて焼酎などにかかる税収額と、明治三四年に日露戦準備財源確保の一環で創出された「ビール税」の税収額も含まれるが、これらが酒税収入にしめる割合は、明治三七年の日露開戦時でも、日本酒は九二%ときわめて高いが、焼酎は四%、ビールは二%とごく低い。日本酒の税収額の割合がこれほど高いのは、酒類のなかでも、日本酒が売れに売れた証左である。

酒造税の大増税が需要者の消費心理を冷まし、買い控えなどで日本酒の消費が大いに減退して大減収になっても何ら不思議ではないのに、これほどの高税収が続いたことについて、課税者をして「経済界の順調に復せしと、軍隊の凱旋ありしなどにより増加せり」「平和克復後需用劇増《(ママ)》」などといわしめた（大蔵省『第三三回　主税局統計年報書』）。

すなわち、国民の、日露戦争勝利を願い、また勝利を祝う心根が、職場や仲間うち、あるいは各地で繰り返し開かれる凱旋兵士や軍隊の歓迎会、祝勝会などで、大きな日本酒需要を呼び起こしたことが、高消費につながったのである。

それでは、日本酒が売れに売れたのに、酒造家の大激減に結果した理由は何か。繰り返すまでもなく、酒税の増税は、小規模の経営ほど受ける打撃は大きい。第一次の急減期を乗り越えた小経営、あるいはつぎの激増期に増えた小経営も市場が狭く、第二次の連続的な増税による打撃の大きさのために、その多くが酒造業を離れたから、と考えられる。

酒造の新技術と醸造試験所

醸造試験所の創設

酒造家が経営を手離すのには、当時の日本酒づくりに独自の問題も伏在していた。日本酒は、酒蔵ごとに存在する菌類のなかから酵母菌を取り入れ、その働きを元に造る。しかし、酒蔵には酒造の害となる雑菌も数多く棲息しており、これらの雑菌に侵されることで造酒は腐った。日本酒が腐ることを腐造《ふぞう》という。酒米《さかまい》費や杜氏《とうじ》費など少なくない資本を投下して、一年一回の仕込みが腐造となれば、酒造家生命を断ちかねない結果となるため、腐造は酒造家にとって悩ましい大きな酒造問題であった（『月桂冠三百六十年史』）。

いっぽう酒造家の造酒が腐造となり、間税品たり得なくなると、当然、免税となる。免税が大規模になれば、その分、酒税収入の減少につながるわけで、腐造は〝税源の枯渇〟

ととらえられ、課税者にも悩ましい大きな財源問題であった（『大蔵省百年史』）。
寒造《かんづく》りは、雑菌の繁殖の少ない冬季に仕込み、日本酒づくりに安全度の高さを求める酒造法である。火入れは、酒造工程の最終段階で行なう低温殺菌法のことだが、基本的には、これも雑菌の繁殖を抑え、酒造に安全度を求めるもので、すでに中世末に開発が確認できる、日本酒づくりには不可欠の技術である。

日本酒づくりでは、もろみ（醪）は、しばらくのあいだ発酵のために貯蔵しなければならないが、この貯蔵の段階で、造酒はしばしば腐った。白濁し、味は酸っぱく、異臭を発した。これを火落《ひお》ちという。火落ちは貯蔵の長短を問わず起きた。なぜなら、火落ちを起こす因子が酸類のひとつで、日本酒だけを好む菌だったからである。もちろん火落ちも腐造のひとつであるが、火落ち菌は熱には弱いので、長期間貯蔵して熟成させるためにも、必ず火入れをして滅菌しなければならない。

お雇い外国人醸造学者アトキンソンが自著『日本醸酒篇』（明治一四年）ではじめて、火落ちの因子を図示した。明治三八年（一九〇五）に、火落ちの因子に「火落ち菌」と命名したのは、醸造学者の鳥居巌次郎《とりいげんじろう》であった。翌三九年に、火落ち菌は日本酒がないと生育しないことを発見したのも、やはり醸造学者の高橋偵造《たかはしていぞう》であった。それから五〇年後の昭和三一年（一九五六）に、火落ち菌の生育に必須な因子を発見し、これに「火落ち酸」と

図13　醸造試験所（『醸造試験所七十年史』より）

命名したのも、醸造学者の田村學造《たむらがくぞう》であった（『日本酒』）。

明治前期に、お雇い外国人の醸造学者は、多くの日本人醸造学者を訓育した。そして、訓育を受けた醸造学者が、明治後半からは、醸造学の成果を多くもたらした。これら醸造学の成果を吸収し、酒造の知識と技術を有する専門家を結集して、腐造という大きな問題に対処し、科学的な日本酒づくりの試験事業、普及事業に着手したのが、明治三七年、東京府滝野川《たきのがわ》（東京都北区）に創設された大蔵省醸造試験所（現、独立行政法人酒類総合研究所、一九九五年に東広島市へ移転）である。

創設時の醸造試験所技術官の顔ぶれ

創設時の醸造試験所に、技師や技手として任官した顔ぶれは、つぎのようになる（難波康之祐「江田鎌治郎《えだかまじろう》著『杜氏醸造要訣』解説　強《きょう》濃醇酒《のうじゅんしゅ》はどこへいった」など）。技師や技手は、酒類の分析、酒造技術などに関し、科学的な研究に従事する技術官である。

（技師）　（前職、業績など）

矢部規矩治《やべきくじ》　主税局《しゅぜいきょく》技師兼務、大蔵省初代鑑定官補、明治三〇年清酒酵母の発見

奥村順四郎《おくむらじゅんしろう》　東京高等工業学校教授兼務、明治三四年刊『醸造学』

肥田密三《ひだみつぞう》　元農商務省職員　前（醸造試験所設立）事務取扱嘱託（農商務省内）明治二五年種麹《たねこうじ》の特許

今井田収《いまいだおさむ》　前（醸造試験所設立）事務取扱嘱託（農商務省内）、明治三八年内国産葡萄酒成分調査報告

高野諄治《たかのじゅんじ》　前（同右）事務取扱嘱託、明治四〇年送風式製麹機《せいぎくき》の開発、明治一九年東京職工学校醸造科卒、同二一年刊『摂州灘酒造法実験説』

（技手）

小野良三《おのりょうぞう》　前郡山税務監督局技手、明治三二年東京工業学校応用化学科卒、明治三八年清酒早熟法の研究報告

安藤福三郎《あんどうふくさぶろう》　前名古屋税務監督局技手、明治三八年製麹中における化学的調査報告

嘉儀金一郎《かぎきんいちろう》　前松江税務監督局技手、山廃《やまはい》もと（山卸《やまおろ》し廃《はい》止酛《しもと》）の開発（協力者は安藤福三郎、江田鎌治郎ら）、明治二八年東京工業学校応用化学科卒

春山敏郎　（不詳）

松田健彦《まつだたけひこ》　前主税局技手兼東京局技手、明治三〇年東京工業学校応用化学科その

他卒、明治三七年刊『改良酒類蒸餾《じょうりゅう》器械使用法』

江田鎌治郎　明治三六年東京税務監督局技手、明治三四年東京高等工業学校工業教員養成所本科応用化学科など卒、速醸酛《そくじょうもと》、酸馴養連醸法《さんじゅんようれんじょうほう》の開発

これらの顔ぶれには、前職に鑑定官・鑑定官補・技手などの官職にある者が多いが、彼らはそうじて鑑定官と呼ばれる。鑑定官は税務機関に属し、酒造家の酒類などを分析して、酒類が規定の基準にかなうか、などを判断し、良酒の確保が任務の酒造技術官である。

結集した酒造技術官の履歴

つぎに、鑑定官制度と、醸造試験所の創設時の技術官の履歴などを確認してみよう。

明治二九年（一八九六）、大蔵省にはじめて鑑定官・鑑定官補を置いたが、主税局鑑定官補には矢部規矩治の任官が確認できる。同年創設の税務管理局および税務署には、まだ鑑定官などは置かれなかった。翌三〇年に、矢部規矩治は主税局鑑定官に昇進した。同年には矢部は、醸造学者の権威古在由直《こざいよしなお》とともに、清酒酵母の発見に成功した。

明治三二年の改正で、局署に技手を置くことになり、局には鑑定課を設けた。翌三三年に、主税局技手と東京局技手を兼ねる松田健彦が確認できる。三四年、松田健彦は東京局兼務のまま、主税局鑑定官補に昇進した。同じ三四年には、広島局技手に火落ち菌の命名者の鳥居巌次郎が確認できる。

明治三五年、税務管理局は税務監督局に改め、税務監督局は直税・間税・経理と鑑定の四部制、税務署は直税・間税・庶務の三課制とし、鑑定課を設けることができた。同年に、名古屋局技手で鑑定課長心得《こころえ》の安藤福三郎、郡山局技手で鑑定課長の小野良三、松江局技手で同じく鑑定課長の嘉儀金一郎が確認できる（内閣印刷局『職員録』各年度）。

生もとづくり

醸造試験所の創業初期に開発された酒造新技術のうち、主に酒母《しゅぼ》（酛《もと》）づくりに言及したいから、まず、従来の酒母づくりの主流である生《き》もと（生酛《きもと》）づくりに触れる。

寒造り三段仕込みの酒母づくりには、大きく分けて二つの段階がある。ひとつが山卸《やまおろ》し作業、いまひとつが壺寄《つぼよ》せ作業である。

山卸し作業は、酛摺《もとず》りともいう。朝早く、半切《はんぎ》り桶《おけ》に、蒸米《むしまい》と麴《こうじ》、水を仕込む。これらの物料はよく混ぜあわせ、半日ほどおいて水が全部吸収されたら、物料はまたよく混ぜる。これは、手もと（手酛）ともいう。夜に入り、半切り桶ごとに、蔵人《くらびと》が全員で櫂《かい》を使い、昼夜数時間ごとに一回、三日にわたり、物料を摺りつぶす。三日後、各半切り桶を寄せ込む。山卸し作業は、この手もと後から三日間にわたる物料の混ぜあわせが相当し、蔵人に昼夜を問わない過酷な重労働を強いる。

つぎの壺寄せ作業は、山卸し作業後、三日ほどおき、半切り桶の物料はすべて、壺代桶《つぼだいおけ》に集めることから始まる。壺寄せ作業の最初の三日間は、品温《ひんおん》を摂氏一〇度以下に落として物料の均一化を図る。これが打た瀬《うせ》の期間で、麴の活動を促進させる目的がある。

つぎに、物料のなかに暖気樽《だきだる》を入れ、かつ櫂入《かいい》れを繰り返し、品温を高める。これが暖《だ》気入《きい》れである。最初の暖気入れから七、八日も経つと酒母が加温されて、酵母が増殖し、炭酸ガスが発生するから、全体的に膨《ふく》れ上がる。この状態は沸《わ》きとか膨れなどという。

沸きの止めどころは、経過時間ではない。強力な発酵力をもち、日本酒づくりの帰趨《きすう》を決する酒母の完成どきであるから、甘味の度合いや泡色などで沸きの状態をみきわめるのは、まさにカンどころであり、杜氏が最も神経を使い、腕のみせどころであった。

沸き止め後、酒母は半切り桶に分け移し、品温を下げる。こののちは枯《か》らしという放置期間を設け、つぎの三段に仕込む、もろみづくりに移行する。

暖気入れは、酒母の溶解と糖化をうながすためのものだが、いまひとつ、生酸《せいさん》作用をうながす目的があった。

桶のなかでは、硝酸還元菌《しようさんかんげんきん》が生えて亜硝酸を生成し、乳酸菌も少し遅れて繁殖して乳酸を生成、亜硝酸と乳酸の相乗作用により、酵母の繁殖が抑えられ、酒母の早湧きが防止される。また、酒母の溶解・糖化作用が進み、酵母が増殖するのに必要なブドウ糖などの成分が蓄積される。

いっぽうで乳酸は有害なバクテリア菌などの雑菌には強いので、これらを防遏《ぼうあつ》し、乳酸が増えてくると、乳酸のために硝酸還元菌・亜硝酸は相ついで消滅し、乳酸菌自体もみずからが生成する乳酸の濃度が上がって消滅してしまう。相乗作用でいったん発酵が抑えられた酵母は、乳酸には強いので、また次第に増え、ついで格段に増殖する。すなわち、暖気入れは、強力な発酵力をもつ酒母づくりの要諦《ようてい》なのである。

こうしてできる酒母が生もと（生酛）で、すでに江戸時代に伊丹諸白《いたみもろはく》で完成した酒造技術である（『酒は諸白』『日本の酒の歴史』）。

酒造新技術の開発

明治四二年（一九〇九）には、醸造試験所から酒母づくりに関する新技術が相ついで公表された。山廃もと（山卸し廃止酛）、速醸もと（速醸酛）、および酸馴養連醸法などである。

嘉儀金一郎らが開発した山廃もとは、生もとづくりのうち、山卸し作業を省略し、はじめから壺代桶に物料を仕込み、山卸しに相当する荒櫂《あらかい》を行なうことで、半切り桶などの酒造器具、作業面積を節約し、仕込み初期の過酷な重労働から蔵人を解放できる酒造技術である。山廃もとには強力な生酸作用が生じる。

江田鎌治郎の開発した速醸もとは、吸水中に一定量の乳酸またはそのほかの酸類を添加して、生酸作用を人工的に起こし、酸度を高めて雑菌に対処し、労力・器具・場所を節約して短時間のうちに強力な酒母を仕上げ、日本酒づくりの安全度を高める酒造技術である。

また、江田鎌治郎の酸馴養連醸法は、もろみづくりの初添え・仲添え・留添えの各段階初期に、一定量の乳酸と酵母を添加し、乳酸の滅菌力と酵母の発酵力を得て、連続的にもろみを製成し、これも日本酒づくりの安全度を高める酒造技術である（江田鎌治郎『酸類馴養最新清酒連醸法』）。

これらの酒造新技術には、酒母やもろみに人工的に酵母を添加する必要があることから、明治三九年に、「純粋酵母」の抽出、研究、酒造家への頒布《はんぷ》などを重要な推進事業とする醸造協会が創立され、大正四年（一九一五）には、日本醸造協会に改変された。

酒造新技術の普及

醸造試験所で開発されたこれら酒造新技術が、官報や諸雑誌、諸新聞などに公表されると、酒造家や杜氏などの酒造関係者に、つぎのような反響を呼び起こした（『酸類馴養最新清酒連醸法』）。

> 当業者諸君は争ってこれを実行せんとし、昨年度（明治四三年度）すでにこれを試験したるもの、および本年度新たにこれを実行せんとして、はるばる書を寄せ、若《も》しくはわざわざ上京して、本法の内容に関し質問せらるるもの、ひんぴんすでに数百名の多きに達せり

これらの酒造新技術が、大正期に国内の各酒造地に普及する一端をつぎにみる。

大正六年（一九一七）三月の調査では、香川・徳島・高知・愛媛の四国四県の酒造量は、

総計でおよそ三〇万石。これを酒造法区分で集計すると、生もと（生酛《きもと》）八三・四％（二五万石）、山廃もと七％（二万一〇〇〇石）、速醸もと五・七％（一万七〇〇〇石）、連醸法一・九％（五四〇〇石）、その他二・六％（六二〇〇石）となる。

このように、大正六酒造年度（前年一〇月一日より当年九月三〇日まで）の日本酒仕込みが終わるころの四国では、生もとがまだ圧倒的だが、新酒造法はあわせて一五％になり、大正前半では、ようやく普及軌道に乗ったところであろうか（丸亀税務監督局「四国に於ける清酒腐造の原因と防遏上の要項」）。

しかし、「新式醸造法応用の経過成績」（租税史料室「局報　鑑定編」昭六〇　高松三四）によると、大正末年度には、つぎのように、大阪局管内酒造地の普及程度は低いが、その他の酒造地には相当な普及が確認できるようになる。

・札幌税務監督局（管内…北海道）
応用範囲は拡張されずといえども、その技術は漸次進歩しつつあり
・仙台税務監督局（管内…宮城、岩手、福島、青森、秋田、山形）
山卸し廃止もと法によりたるものは前年に比し減少せるが、加酸法は利用のものますます増加し、その成績またみるべきものあり
・東京税務監督局（管内…東京、神奈川、千葉、山梨、埼玉、茨城、栃木、群馬）

新式醸造法によるものは総製成石数の約八割をしめ、成績また概して良好なり

・名古屋税務監督局（管内…愛知、静岡、三重、岐阜、長野、新潟）

逐年普及の趨勢《すうせい》あり、本年度にありては長野新潟両県下において腐造を生じたるものありしが、一般成績相当良好なるを得たり

・大阪税務監督局（管内…大阪、京都、兵庫、和歌山、奈良、滋賀、福井、石川、富山、香川、徳島、高知）

新式醸造法を応用する者は依然寡《すく》なく、酸馴養連醸法において些少《さしょう》の増加をみたるのみ、総体をとおしてはその石数《こくすう》減少せり

・広島税務監督局（管内…広島、山口、岡山、鳥取、島根、愛媛）

前年に比し山卸し廃止もと法において減少し、速醸もと法にありては増加を示せり

・熊本税務監督局（管内…熊本、福岡、大分、佐賀、長崎、宮崎、鹿児島、沖縄）

速醸もと法応用の者若干増加したるも、その他においては大体前年と同様なり

日本酒づくりは明治末年より、醸造試験所が開発した酒造新技術を吸収し、従来の手造り一辺倒から、科学的な酒造法に転じはじめ、大正時代をとおしてその普及度合いは、全国的に大いに高まったのである。

腐造問題の終焉と杜氏従業員

酒造家は酒蔵の経営者だが、その酒蔵で実際の日本酒づくりに従事するのは杜氏《とうじ》であり、杜氏が統率する働き人である。これら杜氏従業員は、冬季に出稼ぎ、酒造家の酒蔵にこもり、日本酒づくりに従事する。

杜氏組合の族生

杜氏従業員による最初の組合は、明治二七年（一八九四）に、丹波《たんば》杜氏が設けた「多紀《たき》郡酒造稼業改良組合」、といわれている。

多紀郡酒造稼業改良組合の目的は、杜氏従業員間の親睦、労働条件の統一などであった。しかし、この改良組合は、明治三八年に組合方針を刷新し、「多紀郡醸造業組合」と改称、組合の進め方は、酒造技術の研修一本に絞った。この杜氏組合の改組をうながしたきっかけは、酒造学の新知識吸収のため、出身地の篠山《ささやま》（兵庫県篠山市）に丹波杜氏を集め、明治三五年から毎年夏季に開催するようになった、「醸造法講習会」にあったという。

篠山の醸造法講習会では、大阪税務監督局の鑑定官を講師に招き、講義内容は、簡単な発酵化学、分析法（一年目）、実地に即した発酵理論、醸造法（二〜三年目）、純粋酵母の培養法、顕微鏡使用法（四年目）などで、年次を重ねるごとに講義内容を高める方式とし、さらに教科科目として、日本酒醸造原理、醸造機械使用法などがあった。

醸造法講習会の好評が刺激となり、酒造技術の研修が第一の目的となる丹波杜氏の組合を再発足させたが、醸造法講習会の好評は、他地域の杜氏らも刺激し、以降は全国各地の杜氏出身地などでは、夏季に酒造法講習会などが開かれるようになる（『日本の酒の歴史』）。

そして、酒造法講習会などの母体となり、酒造技術の研修を第一の目的とする杜氏組合も、明治三八年の丹波杜氏による組合改組をきっかけとするかのように、以降、つぎのように各地に設立が続く。もちろん、これらは主なものだけで、そのほかの組合が多数ある。

（設立年）	（杜氏組合名）	（地方・組合員数など）
明治三八年	多紀郡醸造業組合	兵庫県（大正一三年組合員　四二〇〇人）
明治三九年	三津《みつ》杜氏組合	広島県（大正一三年組合員　一七六〇人）
明治四〇年	備中《びっちゅう》杜氏組合	岡山県（大正九年組合員　三九四〇人）
明治四〇年	上越酒造研究会	新潟県（昭和六年会員　三七〇五人）

明治四二年　讃岐《さぬき》酒造実業組合　香川県（大正六年組合員　一三一人）
明治四四年　越智《おち》郡関前《せきぜん》村岡《おか》村杜氏組合　愛媛県（大正六年組合員　一三七人）
明治四五年　香美《かみ》郡酒造技術研究会　高知県（大正六年組合員　四一四人）

こうした杜氏組合の族生は、大蔵省―醸造試験所―税務監督局―税務署と連なる税務行政機関による、酒造知識などを伝えるためのいわば受け皿作りであったと考える。なぜなら、冬季の過酷な酒造労働を離れ、国元に帰郷する杜氏従業員を、酒造技術の研修が第一の目的の杜氏組合に結集させることこそ、杜氏組合員が参加する夏季の酒造法講習会などをとおして、酒造にかかわる知識、技術などは伝えることが可能となり、そして、酒造の知識と技術がある杜氏従業員をして、日本酒を科学的な酒造法に近づける原動力に位置づけることができるからである（『新潟県酒造史』など）。

灘の丹波杜氏と過酷な酒造労働

灘酒造地の科学的な日本酒づくりは、丹波杜氏が支える。もっとも丹波杜氏は醸造試験所や税務監督局などの酒造技術官もみとめる高度な酒造技術をもつだけに、科学的な酒造新技術の導入が他地域より遅れるのは、酒造新技術の普及で触れた大正末年度の「新式醸造法応用の経過成績」（「局報鑑定編」昭六〇　高松三四）でも確認できる。

大正一三年（一九二四）の段階で、灘五郷《なだごごう》の酒造家は、つぎのように一五二場、五二六蔵となる（大阪地方職業紹介事務局「灘酒造業と労働事情」）。

今津郷《いまづごう》　二四場　六三蔵　西宮郷《にしのみやごう》　三一場　一三三蔵
魚崎郷《うおさきごう》　二五場　八一蔵　御影郷《みかげごう》　五〇場　一七三蔵
西郷《にしごう》　二二場　七六蔵　（合計）　一五二場　五二六蔵

前年の大正一二年に、灘五郷では、杜氏が八五五人、従業員が二九七七人、合計三八三二人が灘酒《なだざけ》づくりに従事していた。これを基礎に計算すると、一酒造場あたり杜氏が五・六人、従業員が一九・六人、合計では二五・二人となるから、灘に集まる丹波杜氏の規模は、格段に大きいことが判然とする。この丹波杜氏が、科学的な灘酒づくりを支えることになるが、酒造労働はつぎのように過酷だ。

すべての作業は微生物の発育に促進されて動くのであるから、始業終業はほとんど区別ができないゆえに、厳格にいえば、仕込み始めから終わりまで従業時間とみなすべきであって、その間に休息するのは休憩とみなすべきである……（もとづくりと、もろみ〈醪〉づくりなどは一日中—筆者注）、ほとんど間断なき作業であるから、睡眠時間は七時間ないし九時間ぐらいで、夜間熟睡のできるのは三、四時間で、そのほかは朝の五時前後と昼食前後である……欠勤率をみるに、従業者に通勤者なく、外出の自由すら半ば拘束されているから、その率はきわめて少ない……　（「灘酒造業と労働事情」）

た。越後《えちご》杜氏は、新潟酒だけでなく、江戸時代後期以来、関東の寒造りも支え

越後杜氏とは、出身地ごとに区分される、つぎの各杜氏の総称である

（『新潟県酒造史』）。

頸城《くびき》杜氏…中頸城郡・東頸城郡の出身杜氏（上越市、柿崎町、出雲崎《いずもざき》町、十日町市）

刈羽《かりわ》杜氏…刈羽郡上条《じょうじょう》を中心に高田・野田・千谷沢《ちやざわ》など各村の出身杜氏（柏崎市）

三島《さんとう》杜氏…三島郡片貝《かたかい》・来迎寺《らいこうじ》・岩塚《いわつか》などの各村出身杜氏（小千谷《おぢや》市、長岡市）

野積《のづみ》杜氏…三島郡寺泊《てらどまり》町野積の出身杜氏（長岡市）

越後杜氏の酒造研究会

このうち中頸城郡には、明治四三年（一九一〇）創立の柿崎《かきざき》杜氏による「無尽講《むじんこう》（酒造講演会）」があり、これに各村の「杜氏研究会」が参加するようになり、大正一三年（一九二四）に合同して「上越酒造研究会連合会」を結成した。

いっぽう東頸城郡には、明治四〇年創立の松代《まつだい》杜氏および松之山《まつのやま》杜氏による「酒造雇人研究会」があり、これに郡内の各研究会が合同し、大正二年に「東頸城郡酒造研究会」を発足させた。この会の大正四年開催の第一回夏季酒造講習会では、講習科目が理化学大意、細菌学大意、発酵学大意、清酒醸造法で、講師は名古屋税務監督局鑑定官の金井春吉、新潟税務署鑑定官薄場直の二人、受講者は五七人で、盛会であった。この東頸城郡酒造研究会の第一回講習会の成功は、研究会創立以来の上越酒造組合、東頸城郡酒造組合、および

高田・安塚《やすづか》両税務署の援助、後援によるところが大であったという。

昭和二年（一九二七）には、さらなる発展を期すため、新潟県内の杜氏従業員が結集して、県内の各酒造研究会を統一し、まず「新潟県酒造従業員組合連合会」が結成をみた。この酒造従業員組合連合会の目的は、酒造従業員の就職斡旋《あっせん》、酒造講習会や講話会開催の斡旋、などであった。

ついで昭和三年、新潟県酒造従業員組合連合会のもと、上越地方では、中頸城と東頸城の二つの郡単位研究会をあわせて「上越酒造研究会」とし、各町村の研究会は支部とした。この研究会の目的は、「会員の醸造技術の上達を図る」を第一とした（高田税務署『上越の酒造出稼人』など）。

越後杜氏の関東進出

高田税務署の手になる『上越の酒造出稼人《しゅぞうでかせぎにん》』には、昭和四年（一九二九）にまとめられた「上越酒造研究会員名簿」が載る。名簿は、会員勤務先の「府県郡市町村名」「氏名または名称」、会員の所属「町村名」「氏名」などからなる。

表8の「越後杜氏の上位勤務先」は、会員別に勤務先の酒造家とその所在地などを集計し、勤務先の会員数の多い府県では、昭和四年度の府県内酒造家数も加え、整理したものである。

会員は総計三九一〇人、一府県で会員数一〇〇人を超えるのが、この一一府県、合計三七〇〇人と全会員の大部をしめ、しかも関東の府県が大部分である。府県内の酒造家数にしめる会員勤務先酒造家の占有率では、トップの埼玉が九五％、ついで神奈川と東京が八七％、群馬七二％で、これらはきわめて高く、山梨五八％、千葉五〇％までが過半数を超える高さがみとめられる。これに対して、新潟県内の占有率が二一％と低いのは、いうま

表８　越後杜氏の上位勤務先

府県	会員	勤務先酒造家	府県内酒造家	占有率
埼玉	922	147	155	94.8
神奈川	215	61	70	87.1
東京	163	33	38	86.8
群馬	489	106	147	72.1
山梨	398	61	105	58.1
千葉	335	75	150	50.0
茨城	157	41	185	27.9
長野	476	85	348	24.4
栃木	139	32	138	23.2
新潟	191	61	288	21.2
愛知	215	27	251	10.8
(合計)	3700	729	1875	(平均)55.6

上記以外は，休業75，三重42，福島29，静岡25，岐阜19，北海道13，富山１，関東州１，満州１，不明４，(計210)
勤務先酒造家は『帝国実業名宝』大正８年，『酒類醤油業興信録』昭和９年などで確認
府県内酒造家数は『第五六回主税局統計年報書』1929年度による

でもなく分析史料が頸城杜氏だけを対象にしているからである。

これらから越後杜氏による関東進出の高さが判明し、判明の精度は、刈羽杜氏や三島杜氏、野積杜氏の勤務先が明らかになれば、より高まるであろう。越後杜氏は、江戸時代以来の関東の寒造りに続いて、関東の科学的な日本酒づくりをも支える技術的な主体となったのである。もちろん、地元の新潟酒についても同様なことは指摘するまでもない。

腐造問題への対処　酵母の大敵である有害雑菌は酒蔵に宿り、酒造に用いる容器、器具、原料、あるいは空気などを介して繁殖し、腐造の原因となる。当時は、火落ちについても、貯蔵中に発生して腐造となる原因は、火落ち菌が酒蔵に宿り、貯蔵桶や空気を介して繁殖する有害雑菌のひとつと認識されていた。

したがって、杜氏従業員が参加する夏季酒造講習会などでは、日本酒づくりの現場技術をあずかる杜氏従業員に対し、科学力を導入し、強酸力で腐造に対処させる山廃もと、速醸もと、連醸法などに関する酒造新知識の吸収に加え、つぎのような酒蔵や容器、器具、原料などの衛生管理を中心とする腐造問題への対処、およびその徹底的な実行を繰り返し強く求めた（『酒税関係史料集　Ⅰ　明治時代』）。

①　醸造場内は常に充分に清潔に保つを要す、なかんずく麹室《こうじむろ》内は最清潔に保たざるべからず

②容器、器具は充分に清潔にするほか、なお充分に殺菌して使用するを要す
③醸造用水は清澄《せいちょう》、無色、無味、無臭なるものを撰用するを要す
④醸造用米は飯にして粘力に富み、風味甘美なる種類のものを撰用するを要す
⑤醸造用米は充分に搗臼《つきうす》して使用するを要す
⑥蒸米の蒸方は充分なるを要す
⑦種麴《たねこうじ》は充分に信用するに足る優良品を撰用するを要す
⑧麴は香気の充分に良好なるものを製造するに努むるを要す
⑨酒母《しゅぼ》は沸きつけの時期における甘味充分に強烈にして美なる泡の経過を有し、分ちの時期における甘味の切れ方良好なりしものを撰用するを要す
⑩もろみの原料配合において、酒母使用量を法外に少なくせざるを要す
⑪火落ち防止　火入れ操作、桶の処理法、および目張り、その他の密閉などに充分注意して、いずれの方面にも有害菌の貯蔵酒に達し得べき経過なからしめざるべからず

腐造問題の終焉

酒造家の納める酒税が免税となるのは、つぎのように間税品として不適格となった場合だけで、免税の程度もいろいろある。『主税局統計年報書』には、酒造年度ごとに、「新酒」と「古酒《こしゅ》」の別に、つぎのような理由で不適格となった酒類の免税石数《こくすう》、免税額などを載せる。このなかから、一酒造年度の日本酒につ

き、その腐造量を求めてみたい。

① 災害にかかり酒類の廃棄に属したるもの
② 腐敗酒類にして政府の承認を得、酒類として飲用すべからざる処置を施したるもの
③ 腐敗酒類、または災害にかかり、飲用すべからざるにいたりたる酒類にして、焼酎の製造に供するもの
④ 容器の損傷、もしくは塞栓《そくせん》自然の脱却により、酒類の亡失したるもの

このうち、新酒の腐造にかかわるのは②と③で、③には腐敗したものと災害によるものを含むが、区分されていないので、すべて腐敗したものとみなす。また、古酒とはこの場合、過酒造年度の日本酒をさすが、これも②と③をあわせ、すべて腐敗したものとみなす。この古酒と新酒の腐造量を合算すると、一酒造年度の腐造量が求められることになる。

表9の「近代の日本酒腐造量推移」は、腐造量が拾えるようになる明治三五年度（一九〇二）から昭和一〇年度（一九三五）までの、日本酒の年間の酒造量と腐造量、およびその腐造発生率である。

まず、酒造量は、明治後半から大正前半は三〇〇万石台から四〇〇万石台で、大正後半に入ると五〇〇万石台が続く。このころから、日本酒は過剰生産の時代に突入する。近代の最高は、大正八年度（一九一九）で五八七万七〇〇〇石となる。しかし、昭和に入ると

再び、四〇〇万石台から三〇〇万石台へ下降する。

いっぽう腐造量は、明治後半から大正前半は一万石台から二万石台が続き、大正三、四年度の二万八〇〇〇石は発生率〇・七％と高い腐造率を記録した。しかし、大正九年度の一万五五〇〇石を最後に、以降は漸減を続け、発生率も〇・一％を下まわるようになり、昭和九年度にはわずか一九二石、〇・〇〇五％にまで減少、昭和一一年度からはついに、

表9　近代の日本酒腐造量推移

年　度	酒造量(石)	腐造量(石)	発生率
明治35(1902)	3,309,017	18,139	0.548
明治36(1903)	3,613,957	10,951	0.303
明治37(1904)	3,144,148	8,398	0.267
明治38(1905)	3,792,081	9,057	0.239
明治39(1906)	4,167,723	10,274	0.247
明治40(1907)	4,368,979	12,915	0.296
明治41(1908)	4,134,969	14,205	0.344
明治42(1909)	3,922,057	20,751	0.529
明治43(1910)	3,861,124	13,947	0.361
明治44(1911)	4,198,419	8,925	0.213
明治45(1912)	4,129,009	8,748	0.212
大正2(1913)	4,216,892	12,379	0.294
大正3(1914)	3,683,029	28,217	0.766
大正4(1915)	3,883,306	28,386	0.731
大正5(1916)	4,607,569	13,890	0.301
大正6(1917)	5,084,566	5,837	0.115
大正7(1918)	4,932,861	5,315	0.108
大正8(1919)	5,877,162	4,658	0.079
大正9(1920)	4,256,224	15,525	0.365
大正10(1921)	5,512,431	3,439	0.062
大正11(1922)	5,554,597	4,961	0.089
大正12(1923)	5,449,080	9,745	0.179
大正13(1924)	5,179,862	2,843	0.055
大正14(1925)	5,147,770	2,098	0.041
大正15(1926)	4,804,035	2,267	0.047
昭和2(1927)	4,520,711	1,719	0.038
昭和3(1928)	4,668,618	1,530	0.033
昭和4(1929)	4,238,383	1,174	0.028
昭和5(1930)	3,581,525	3,632	0.101
昭和6(1931)	3,284,504	2,265	0.069
昭和7(1932)	3,807,989	1,111	0.029
昭和8(1933)	4,012,434	801	0.020
昭和9(1934)	3,772,325	192	0.005
昭和10(1935)	3,784,144	319	0.008

(出典)　『主税局統計年報書』各回

『主税局統計年報書』にこれらの記載がなくなる。

つまり、昭和一一年度をもって腐造問題は終焉《しゅうえん》を告げ、以降は散発的、一時的に発生しても、それは問題視するほどのものではなくなるのである。これは、科学的な日本酒づくりの勝利であった。腐造問題への対処を目的のひとつに、明治三七年に醸造試験所が創設されてから、三三年目のことであった。

杜氏従業員の全国的な規模

杜氏組合は、酒造技術の研修を第一の目的とし、杜氏組合の構成員となる杜氏従業員は、夏季の酒造法講習会などで、科学的な酒造新知識の吸収と腐造問題への対処を強く求められ、日本酒をして科学的な酒造法に近づける技術的原動力に位置づけられた。それでは、その杜氏従業員は昭和戦前期に、全国的にはどれほどの規模になるのであろうか。

腐造問題の終焉が近づいた昭和九年（一九三四）三月の段階で、表10の「全国杜氏従業員調べ」にあるように、全国的な杜氏従業員数が判明する。これによれば、全国の杜氏はおよそ七三〇〇人、従業員は五万五七〇〇人、合計六万三〇〇〇人となる。同年度の酒造家は七三八〇場であるから、一酒造家あたり杜氏従業員は平均八・五人となる。

杜氏従業員が最も多いのは新潟県で一万人を超え、ついで兵庫県が九七〇〇人と多く、三位は福岡県五〇〇〇人、四位は広島県四二〇〇人、五位は岡山県四〇〇〇人と続く。この五県で全体の五二%と、過半をしめる。

新潟酒は越後杜氏、兵庫の灘酒は丹波杜氏、福岡の城島酒《じょうじましゅ》は三潴《みづま》杜氏、広島の西条酒《さいじょうしゅ》は三津《みつ》杜氏、岡山の玉島酒《たましましゅ》は備中《びっちゅう》杜氏が中心となり、あるいは南部《なんぶ》杜氏（岩手）、但馬《たじま》杜氏（兵庫）、伊予《いよ》杜氏（愛媛）、越前《えちぜん》杜氏（福井）、能登《のと》杜氏（石川）、肥前《ひぜん》杜氏（佐賀）などが加わり、これらを含めて総勢六万三〇〇〇人の杜氏従業員が腐造問題を終焉させ、科学的な日本酒づくり進展の技術的な原動力となった。

表10　全国杜氏従業員調べ

（昭和9年3月現在）

出身府県	杜　氏	従業員	（合計）
北海道	12	261	273
青　森	69	1148	1217
岩　手	331	1896	2227
秋　田	117	1466	1583
福　島	58	482	540
茨　城	15	158	173
新　潟	1202	9126	10328
長　野	194	1401	1595
千　葉	32	244	276
富　山	31	362	393
石　川	417	2381	2798
福　井	264	2368	2632
岐　阜	88	686	774
静　岡	88	612	700
愛　知	189	1351	1540
三　重	131	990	1121
滋　賀	27	143	170
京　都	67	623	690
兵　庫	983	8737	9720
和歌山	17	159	176
鳥　取	17	159	176
島　根	201	1150	1351
岡　山	551	3400	3951
広　島	343	3870	4213
山　口	362	1669	2031
徳　島	32	295	327
香　川	29	265	294
愛　媛	312	1343	1655
高　知	133	629	762
福　岡	518	4467	4985
佐　賀	60	753	813
長　崎	44	1487	1531
熊　本	23	382	405
大　分	107	878	985
全　国	7064 (7323)	55341 (55755)	62405 (63078)

宮城，山形，栃木，群馬，埼玉，山梨，東京，神奈川，大阪，奈良，宮崎，鹿児島，朝鮮など（100人以下）の杜氏259人，従業員414人，合計673人は全国下段（　）中

（出典）『新潟県酒造史』

腐造問題の終焉には、一升ビンやほうろうタンクなどの酒造容器、酒造冷凍設備、竪型《たてがた》精米機などの普及も大きく貢献した。一升ビンやほうろうタンクは、ホルマリン消毒と併用して完ぺきに防菌でき、酒造冷凍設備は雑菌の繁殖を抑制し、竪型精米機などの研磨力は付着雑菌をも容易に駆逐し得たからである。

機械化の始まり

しかし、これら酒造容器や酒造設備、精米機は、つぎに概略するように、何も腐造問題のためだけにあったのではない。とくに酒造用冷凍設備などの機械は、酒質の改良や保全のために開発された。その意味では、戦後に急速に進む日本酒づくり機械化の端緒でもあるが、その先陣を切るのはいつも灘酒造地であった。

関東大震災と一升ビン

一升ビン造りは、明治後期に大阪天満与力町《おおさかてんまよりきまち》の徳永《とくなが》ガラス工場が始め、大正七年（一九一八）からは機械造りに転じて大量生産に着手、最大の需要者は灘の酒造家であった（壜《びん》のあゆみ編集委員会『壜のあゆみ』）。

一升ビンがそれまでの酒樽《さかだる》にかわるような勢いとなるのは、大正一二年九月の関東大震災がきっかけである。大震災後、復興にともなう需要昂進により、すべての建築資材が払底し、杉材も払底したため、杉製の酒樽は高騰した。そのため代用として、一升ビンの需要が一気に伸びた（租税史料室「局報　鑑定編」昭六〇　高松三四）。

大震災後の杉材払底は杉桶《すぎおけ》をも直撃し、その代用として「銅製タンク」を使う酒造家があらわれた。大正一三年（一九二四）七月の調査によれば、大阪税務監督局の管内には、杉材以外の貯蔵容器が四二四個あり、その過半は灘《なだ》酒造地に集中していた。

ほうろうタンク

しかし、銅製タンクは価格が高く、かつ日本酒に金属臭味が付着するなどの難点があった。昭和二年（一九二七）、灘の片山タンク（片山金二、灘琺瑯《ほうろう》株式会社）が国内最初の「一二石入琺瑯引《こくいりほうろうびき》酒造タンク」を開発し、ついで「三三石入タンク」も開発した（野々村純平『日本琺瑯工業史』）。ガラス質被膜をもつ、ほうろうタンクは、比較的安価で、耐酸性も強力にあり、金属臭味の付着もないところから、以降は銅製タンクにかわり普及した。

酒造用の冷凍設備

酒造用の冷凍設備については、灘と伏見などの主産酒造地を管内にもつ大阪税務監督局の調査書（『局報　鑑定編』昭六〇　高松三四）に、つぎのようにあり、冷凍設備は火落ちの防止を目的としたが、いっぽうで「酒質の優良保全の見地」「もろみの発酵を整備し」「酒色を淡麗に保持する」「重要操作の科学的管理を容易にし」などの点からして、吟醸酒づくりにつながる低温管理施設の可能性が大である。

（昭和四酒造年度）

優良酒醸造の熱心家は酒質の優良保全の見地より、醸造庫に冷凍設備を設けるものあ

図14　竪型精米機（『佐竹製作所百年史』より）

り、現時、管内をとおして本場地に八か所、地方に八か所、計わずかに一六か所なりといえども、これによりてもろみの発酵を整備し、貯蔵酒の老熟、または火落ちを防止し、酒色を淡麗に保持するなどの点において、大なる効果を上げつつあるをもって、これにならうもの次第に増加の傾向あり

（昭和五酒造年度）

当局管内においては醸造中、重要操作の科学的管理を容易にし、貯蔵中の酒質保全、並びに火落ち防止の目的をもって、冷凍設備をなすものようやく増加の趨勢《すうせい》にあり、昭和五年五月現在においては二四場たりしも、昭和六年八月現在においては三九場となり、冷凍貯蔵をなしうる清酒の最大量は三万四六三六石となり、規模において約二倍の増大を示せり

竪型精米機

食品産業総合機械メーカー、サタケ創始者の佐竹利市が、明治四一年（一九〇八）に、国内最初の竪型精米機を開発した。その後、大正一四年（一九二五）には「竪型金剛砂精米機《たてがたこんごうしゃせいまいき》」、昭和四年（一九二九）には「横型金剛砂精米機」、同五年には「横型研削式《けんさくしき》胚芽米《はいがまい》搗精機《とうせいき》」などの精鋭精米機をつぎつぎに開発、四年の横型金

剛砂精米機は同年の産業博覧会に出品して「昭和号」と命名し、とくに酒造用の精米に使われ、灘の菊正宗《きくまさむね》酒造には三〇台納入した（『佐竹製作所百年史』）。

吟醸酒がふつうに造られるようになるのは昭和五、六年ごろからである。そのわけは、大量の酒米を短時間のうちに、精米歩合を六〇％以下にも研磨が可能な竪型精米機が普及しはじめたことにある、との指摘がある（菅間誠之助『酒つくりの匠たち』）。

大正末期から昭和初期にかけて普及しはじめる竪型精米機などの強力な研磨力が、昭和五、六年ごろからふつうに造られるようになる、吟醸酒に是非とも必要な酒米《さかまい》の高度精白を実現させたのである。

戦時下の日本酒造業

関東大震災と下り酒の消滅

下り酒問屋仲間から東京酒問屋組合へ

江戸時代には、日本酒の一大生産圏は上方《かみがた》にあったが、一大消費圏は江戸であった。江戸《えど》積《づみ》酒造家の手になる日本酒は、樽廻船《たるかいせん》などで江戸に下り、江戸では「下《くだ》り酒《ざけ》問屋」が一手に引き受け販売した。つまり、下り酒問屋の独占的な委託販売なわけで、委託販売酒は、酒仲買人《さけなかがいにん》から小売酒屋を経て、江戸の消費者へわたった。

下り酒問屋は、延宝《えんぽう》三年（一六七五）に株仲間《かぶなかま》を結成、元禄《げんろく》一五年（一七〇二）の仲間人数は一三一人もおり、これらは瀬戸物町組《せとものちょうぐみ》三〇軒、茅場町《かやばちょう》組五〇軒、呉服町組三六軒、中橋《なかばし》町組一五軒に分かれ、新川《しんかわ》の河岸には、多数の酒樽を運び込む大構えの問屋店舗が軒を連ねたところから、単に新川といえばこの酒問屋街をさした（図3参照）。

下り酒問屋は正徳《しょうとく》五年（一七一五）でも一一〇軒と多かったが、元文《げんぶん》二年（一七三七）には七四軒、一〇〇年あまりのちの文政《ぶんせい》七年（一八二四）には三七軒に激減した。激減の理由は、問屋業の過酷な競争の結果であった。天保《てんぽう》改革ではいったん、株仲間は解散したが、再興後の嘉永《かえい》四年（一八五一）には三三軒と漸減した。明治維新では諸営業自由の採用により、営業特権をもつ下り酒問屋仲間も消滅してしまう。

明治一〇年（一八七七）にいたり、旧下り酒問屋は「酒問屋組」を結成したが、二〇年には組合員二五人で「東京酒問屋組合」と改めた。東海道線全通の明治二二年には、いったん「東京清酒問屋組合」と改称したものの、まもなくして「東京酒問屋組合」の旧名称に復した。しかし、上方などからの下り酒委託販売を、独占的に取り扱うことに関しては、江戸時代とかわりがなかった。下り酒の輸送手段は、近代に入るころから汽船にかわり、ついで、東海道線全通後は鉄道輸送に切りかわった（横地信輔『東京酒問屋沿革史』）。

東京酒問屋と下り酒の消滅

下り酒の委託販売では、販売酒価を建値するのは、東京酒問屋である。酒問屋は定期の日時に、酒価の見積り内金《うちきん》を酒造家に送金し、一か年の決済は毎年、「新古酒売捌き区分の時期《しんこしゅうりさば》」に行なった。灘酒造家などは、その際の仕切り書によってはじめて、出荷した自醸酒の売価を知ることができた。

「新古酒売捌き区分の時期」とは、古酒の売り切りと、春にでき上がる新酒の売りだし準備が重なる、毎年の二月から三月をさす。酒問屋と下り酒の酒造家との決済は、四月より翌年三月までを一期限として、新古酒売捌き区分の時期に行なう。日本酒の消費が一番高まるのは正月前後だから、灘《なだ》の酒造家は絶好のチャンスを逃すまいと、夏を凌ぎ熟成させた高級酒の出荷を本格化させるが、その決済が新古酒売捌き区分の時期で、このときに酒造家ははじめて、東京市場で売る自醸酒の酒価を知ることができた。

また、輸送中に生じる酒の変敗《へんぱい》や変味、溷濁《こんだく》などの損失は、すべて酒造家が負担するならわしであった。このように、下り酒の委託販売は灘の寒造《かんづく》り、高級酒づくりに適合的ではあるが、委託主の酒造家には不利で、酒問屋には有利な、江戸時代以来の取引慣行であった。

東京酒問屋の下り酒独占販売が最高潮を迎えるのは、「明治二七、八年の日清戦争後の好況、ついで明治三〇年代、その後明治三七、八年日露大戦前後の好況こそ、東京酒問屋組合をはじめ酒類業界にとって、最高潮期と観測される」（『東京酒問屋沿革史』）、との明言がある。これは、すでに確認済みであるが、日清《にっしん》戦争からとくに日露《にちろ》戦争にかけての時期、日本酒が売れに売れたことの立証となろう。

東京酒問屋では、下り酒は、酒樽《さかだる》による取引を最重要視した。酒樽取引では、四斗樽《しとだる》（容量七二リットル《リッ トル》に換算）を二樽あわせて一駄、一樽は片馬《かたうま》と呼び、これが取引で用いる単位である。酒問屋と酒仲買人との商い習慣では、酒造家の酒は一銘柄二駄片馬、つまり五樽を取引の最低数量とした。しかし、酒問屋では、最低数量のみの取引をする酒仲買人は「二《こ》合半《なが》屋《や》」と蔑称し、最低数量を下まわる取引には応じず、また、最低数量以下の小さな商いしかできない小売酒屋とは取引をしなかった。酒樽取引を最重要視したため、明治末期から出まわりだした壜詰《びんづめ》の取引などは、酒問屋には論外であった。

　しかし、明治末期から大正前半にかけて、灘や伏見の大手酒造家が、酒質保全に優れる壜詰を販売戦略のひとつにして、ぞくぞくと東京市場に進出し、自醸酒を直売するようになると、酒問屋による下り酒の独占的な営業が揺らぎはじめる（加護野忠雄ほか編『伝統と革新　酒類産業におけるビジネスシステムの変貌』）。

　そして、大正一二（一九二三）年九月に発生した関東大震災では、新川では多くの酒問屋が、先祖伝来の店舗や倉庫を焼亡させ、顧客帳簿が焼失し、債権の回収不能になるなどして、経営破たんに陥った。

　関東大震災をきっかけに、その後の連続的な経済不況のもとで、昭和期に入ると、酒問屋の独占的な下り酒営業は大きく後退していく。いっぽうで灘や伏見などに加えて各地域の酒造家も競って東京市場に進出し、直売、あるいは酒類問屋卸業者などをとおし、自醸の日本酒を売り込むようになる。

昭和七年（一九三二）の東京酒問屋組合の組合員は、わずか一三人に減少した。さらに、同一六年に酒類の配給統制が始まると、問屋業も否定され、このころに「東京酒問屋統制商業組合」と改組してしまう。ここに、寒造りに適合的な取引慣行は終焉し、下り酒が消滅した（高木藤夫ほか『酒造の町・新川ものがたり』など）。

酒造家のシンボルマーク…印

東京酒問屋が最重要視した酒樽取引に用いる酒樽は、菰《こも》で包まれており、菰包《こもづつ》みにはかならず酒造家を表示する印《しるし》がある。菰包みの印は、酒印《さかじるし》、本印《ほんじるし》、あるいは単に「印」ともいい、酒造家自身と自醸の酒を天下に誇示するシンボルマークである。

印の起源は、江戸時代前期に求められる。寛政《かんせい》一一年（一七九九）刊行の『日本山海名産図会《にほんさんかいめいさんずえ》』は、刊行一〇〇年ほど前の、寒造り完成の第一歩といわれる伊丹諸白《いたみもろはく》に言及するが、そこには「伊丹筵包《いたみむしろつつみ》の印《しるし》」として、菊の花をあしらう印や、山並みをあしらう印、「三文字」「上竹」「一山」などの印を載せる（図15参照）。伊丹諸白の寒造りは元禄《げんろく》時代（一六八八〜一七〇四）に一応の完成をみるから、印はすでに江戸時代前期には下り酒の上方酒造地で発祥していた、と考えられる。

また、江戸時代中期の明和《めいわ》二年（一七六五）には、灘や伊丹など上方酒造家の印が一家にひとつではなく、複数であったことも確認できる。銘柄ごとに使い分けたのであろう。

だが、これらの印はいずれもごく単純な構図である（柚木学監修『伊丹酒造家史料（上）』）。

江戸時代の菰包みにある印は、焼印鑑による焼印であるから、色彩もごく単純であった。近代に入り、明治一七年（一八八四）に商標条例が公布され、翌年から施行されると、印は酒造家を明示し、酒造家の造る日本酒の銘柄を誇示する商標となった。

以降、酒造家は、家業の法人化、品評会優等賞の受賞、新製品や高級品の銘柄開発などの機会をとらえ、企業イメージを植えつけ、販路拡大の一助ともするため、シンボルマークの印は、人目を引く構図にして商標に登録し、かつ菰包みに印刷するときには、商標の

図15　伊丹莚包の印

（『日本山海名産図会』）

化粧となるように、商標を色彩も図柄も豊かに飾るようになる。

飛切極上は酒質の最高等級

話はさかのぼるが、慶長《けいちょう》七年（一六〇二）の南都諸白《なんともろはく》には、一升あたり上酒《じょうしゅ》は二一・八文、下酒《げしゅ》は一〇・三文と、その酒価に二倍以上もの開きがあった。これは、すでに江戸時代のはじめには、日本酒は酒質の良し悪しで上・下の等級に区分し、等級の開差は酒価で表示し、売買されていたことを伝える（最上宏『日本食糧史考』下巻）。

江戸時代の下り酒の販売価格は、下り酒問屋仲間が決める商い慣行であった。その際には仲間の「売手役《うりてやく》」（販売主任相当）が会合し、流行や盛衰、好不況などをみきわめたうえで、つぎのように灘酒《なだざけ》は六級に、中国酒《ちゅうごくしゅ》（尾張《おわり》・三河《みかわ》・美濃《みの》の東海三か国の酒、中心は愛知県知多半島）は四級に等級づけして、酒価を定めた（『東京酒問屋沿革史』）。

灘　酒　飛切《とびきり》、最上《さいじょう》、極上《ごくじょう》、上、中、次《つぎ》

中国酒　極上、上、中、次

下り酒を制限するために制定した「下り酒十一か国制」は寛政《かんせい》二年の実施で、このころから同じ下り酒の灘酒と区別し、東海三か国の酒は中国酒と呼ぶようになるから、この等級づけの発生は一八世紀末期が該当としよう。

こうした江戸時代の下り酒の等級は近代にも引き継がれ、東京酒問屋による下り酒の独占的な営業が衰える昭和戦前でも、つぎのように小売段階の酒価表にみることができる。昭和一三年（一九三八）一〇月、松戸税務署管内の酒類商組合連合会が協定した販売価格表には、「清酒壜詰《びんづめ》の部」に続き、「酒類桝売《ますうり》の部」として、つぎのようにある。

飛切極上	一升	金三円五〇銭
極上	同	金三円也
優等	同	金二円五〇銭
最上	同	金二円也
並物《なみもの》	同	金一円八〇銭
次物《つぎもの》	同	金一円五〇銭
下物《げもの》	同	金一円三〇銭

（税務大学校租税史料室史料）

桝売とは、店頭に据えた酒樽から桝で酒を分量して売る、量《はか》り売りのことである。小売業者の量り売りには、酒仲買人などから仕入れた銘柄は、そのまま分売するのではなく、数銘柄を調合したうえで、分売する商い習慣があった（『日本の酒づくり』）。

松戸税務署管内の販売価格表にある桝売からは、小売業者の調合にかかる上質な酒は、下り酒にあった等級にならい、飛切極上、極上など最高等級に格づけし、売価は下物に比べ二倍から三倍近くも高くして、上質な酒の証とし、かつ最高等級の名称は酒樽や酒価表に記して店頭に明示し、酒質の高品格を伝えたことが判然となる。

高級酒のシンボルマーク…小印

日本酒の高品格を伝える名称をさしてとくに、小印《こじるし》という。各種な小印をまとめて載せる史料は、管見の限りでは、昭和一五年（一九四〇）に本格的な公定価格制度を導入するため、酒造組合中央会が作成した日本酒の販売価格などに関する事前調査書に限られる（『酒造組合中央会沿革史』第三編）。この調査書を手がかりに、小印の発祥とその意義などに言及したい。

調査書の調査項目には、東京と大阪の両市場のうち、東京市場の樽詰（一酒樽七五リットル詰）にのみ、「小印」があり、その小印には「商標」、および商標の「卸売価格」と「小売価格」が併記されている。もちろん実際の調査のときには、樽詰は菰で包まれ、菰包みには印があり、印は豊かな図柄と彩りで化粧されていたであろう。

調査対象の商標は、全部で六二を数える。だが、同じ小印をもつ商標があり、小印をもたない商標もあり、これらを名称がもつ特色により（系統別）に整理すると、小印はつぎの三系統、三〇種となる。これらの小印は、いずれも日本酒の上質さを示す名称に満ちており、値段も高く高級酒であり、小印をもつ商標の過半は、灘酒がしめる。

・等級系…飛切、特飛切、最飛切、代表飛切、撰、特撰、特上、特等、極上、優等
・考案系…黒松《くろまつ》、黒松鶴《くろまつつる》、金松《きんしょう》、金稲、金紋《きんもん》、龍門《りゅうもん》、銀鱗《ぎんりん》、鳳凰《ほうおう》、丸辰《まるたつ》、朱希、

記念紋、国の光、菊巻、キ褒紋《ほうもん》、色紙

・吟醸系…別吟《べつぎん》、別吟造《べつぎんづくり》、吟醸、大吟醸、特吟

小印が、下り酒の一大消費地であった東京市場の樽詰にのみあり、小印をもつ商標が灘酒に多数で、いずれも高級酒の上質さを明示することから、小印の発祥は、江戸時代後期から盛んとなる灘酒造地の高級酒づくりに求められる。

灘の酒造家は、開発した高級酒の上質さを示すため、下り酒問屋仲間が取り決め、灘酒のみに許された「飛切」「最上」など最高等級の名称を借用したり、あるいは典籍などに求めて酒質の高品格が伝わるような、特定な名称をみずから考案したりして、これを焼印鑑とし、菰包みの自家のシンボルマークである印のかたわらなどに、小さな焼印としたことが、小印の始まりと考えられる。

多数の灘酒の菰包みにあった小印は、営業自由な近代に入ると、やがて灘酒に限らず一般化する。酒造家は自醸の日本酒を商標化して酒質の高品格を伝えたいとき、あるいは新しく開発した高級酒を商標化するときなどに、等級系・考案系・吟醸系などに区分されるさまざまな小印のひとつを選択し、自醸酒のシンボルマークである印の近くに配して、高品格の目印とした。

そして、商標は図柄も色彩も豊かに飾って化粧を施し、これは酒樽の菰包みに印刷し、

さらに壜詰の販売が行なわれるようになると、酒ラベルに印刷して壜腹に貼りつけ、小印をして、商標の高品格が伝わるような役割を担わせた。小印とは、酒造家が丹精込めて造る日本酒の高品格を明示するシンボルマークなのである。

酒類販売業の免許制度と公定価格の始まり

〝金魚酒〟の横行

〝金魚酒《きんぎょざけ》〟は、日本酒の濃度があまりに「うすい」ので、金魚を入れてもスイスイ泳ぎまわり死ななかった、というひとつ話から生まれた俗語である。あるいは、軒雨《のきさめ》（軒醒め）は村を出るまで酔いがさめないという俗語だが、飲み屋の軒を出たらもう酔いがさめたという意味に転化するほど、水のようにうすい金魚酒が、日本中に出まわった。これが、昭和一四年（一九三九）一〇月ごろから表面化し、酒類販売業者などを大いに悩ませた水酒《みずざけ》問題である（中沢彦七「酒販業界七十年―酒商売今昔噺（ばなし）―」）。

昭和一二年七月の盧溝橋《ろこうきょう》事件の勃発により、日中戦争は全面化する。翌一三年から綿糸や鉄鋼などを手はじめに、戦時経済統制が強化されていった。

大蔵省は昭和一三年四月、酒類《しゆるい》販売業の免許制度を実施に移し、明治初期の酒造免許制度に加えて、日本酒の生産から販売にいたる、強力な統制力を得ることになった。ついで昭和一四年三月、政府は商工省《しようこうしよう》告示により、清酒ほか一二品を価格取締の物品に指定、三月四日現在の販売価格に釘づけにした。これがいわゆる三・四価格で、酒類の公定価格の始まりである。ただ、日本酒については、前年一三年の支那事変《しなじへん》特別税法（『法令全書』昭和一三年）により「清酒物品税」の創出があったところから、その増徴分を三・四価格に積み増す措置を講じた。

さらに、昭和一四年一〇月には、国家総動員法に基づく「価格等統制令」を公布し、小売価格、卸売価格などは九月一八日の価額を超えて売買できないとした。これがいわゆる九・一八価格で、三・四価格は廃止したが、日本酒だけは、清酒物品税が加算される三・四価格を継続実施した。

水酒問題は九・一八の釘づけ価格設定のころから表面化したが、昭和一五年に入ると、「東北や北海道の寒国では酒樽や一升ビンが凍ってポンポン破裂し、闇水酒の正体を暴露している」（『朝日新聞』二月二七日）とか、「この頃酒の仕入れに酒蔵に乗込む酒屋さんの腰ならぬ懐中には水割発見の「屈折計」がランランと眼を光らして居る」（同前、三月一二日）、あるいは「秋田県でも水酒対策　『酒の国』の誇りも消えて秋田も酒不足、市場に出ている大部分が水か酒かの類なので」（同前、三月二五日）などと、釘づけ価格の範囲にあれば酒質など低下しても構わないかのように、急に金魚酒の横行が激しくなり、酒販業者などを悩ます大きな問題に発展した。

水酒問題は、まさに酒を水増しすることで、儲けを水増ししようとする酒造家が元凶であったが、明治二九年（一八九六）以来続く酒造税法では、税額査定済みの日本酒に規制を加える手立てが欠落していたため、課税者にも有効な対処ができなかったのである。

これは、「釘づけ」という価格停止令の公定価格にかえて、日本酒の酒質を分析し、成分規格などの基準を導入して、全国統一に実施する公定価格が必至となったことを意味する。

公定価格の新制度

昭和一五年（一九四〇）四月、大蔵省・商工省告示第一号（『法令全書』昭和一五年）により、価格等統制令に基づき、日本酒など酒類公定価格の新制度が始まった。同時に、従前の釘づけ公定価格は廃止された。

新制度では、日本酒はアルコール度数と原エキス分の成分規格に基づき、上等酒・中等酒・並《なみ》等酒の三等級に分け、等級に応じた販売価格を設定した。もちろん、販売価格は生産・卸《おろ》し・小売ごとに設定し、それぞれ最高販売価格とした。

日本酒の成分規格は、樽詰《たるづめ》、壜詰《びんづめ》、量り売りとも、つぎのように定め、これ以外の法定規格は告示には示されていない。

	(アルコール度数)	(原エキス分)
上等酒	一五度以上	三〇度以上
中等酒	一四度以上	二八度以上
並等酒	一三度以上	二五度以上

つまり、仕込み原料に由来する香りや味、色沢《しきたく》など酒質の良し悪しを判断する「官能」要件などは、法定規格に規定しきれていないから、このままではアルコール濃度、原エキス分の各階差にあてはまる日本酒はすべて、自由にその該当等級で販売できることになる。こうした法定規格上の不分明さは、どのように解決されるのであろうか。

成分規格を構成するエキス分とは、酒を蒸発させたときに残る固形物をさし、主に糖分からなる（坂口謹一郎『日本の酒』）。

公定価格新制度の原案となる事前調査書は、前述のように酒造組合中央会の作成にかかる。作成の際には、「二大市場である東京と大阪とにおいて、代表的な有名酒数十種について」調査したうえで、新制度が発足するときには組合員には、容器ごとに「規格表示証票」を貼付するよう指導した。この規格表示証票が、日本酒の品質表示票の始まりとなる。

酒造組合中央会が定めた品質表示票の原案には、小売価格、生産者名、販売者名などと、法定規格のほかに、「官能審査別」として、つぎの成績により「当業者」がこれを選別し、証票に表示し、品質の完美を期すること、としている（『酒造組合中央会沿革史』第三編）。

（等級）　（証票に表示する官能審査別）　（官能審査要件）

上等酒　上　香味色沢《しきたく》の優秀なるもの

中等酒　中　香味色沢の標準的なもの

並等酒　次　香味色沢中につぐもの

これらから、すでに東京市場の小売店舗などで調合酒の量り売りに使われていた等級づけを取り入れ、当業者が、飛切極上《とびきりごくじょう》・極上などは上等酒に、優等・最上《さいじょう》などは中等酒に、並物《なみもの》・次物《つぎもの》・下物《げもの》などは並等酒に、それぞれ区分することが判然となる。もちろん小印をもつ灘酒造家などによる高級酒は、上等酒あるいは中等酒に区分される。

すなわち、昭和一五年四月からの新公定価格では、上等酒や中等酒は灘などの酒造家による高級酒がしめ、地方の酒は大部分が並等酒に区分されることになるのである。日本酒の等級区分を担当する当業者であるが、量り売りの場合は、酒を調合する小売業者が該当し、樽詰および壜詰の場合は、酒造家が該当することになる。

昭和一五年六月、商工省・農林省告示第九号（『法令全書』昭和一五年）により、暴利取締のため、公定価格などの表示様式を制定したが、公定価格の物品については、「公定価格品」または「㊣」の表示を義務づけた。一五年六月以後、日本酒の品質表示票には、公定価格品または㊣の表示が義務となり、等級は政府が保証することになった。

なお、日本酒の公定価格は、当初は大蔵省と商工省、ついで農林省との共管であったが、日本酒に級別制度が導入される昭和一八年四月以降は大蔵省の専管となり、戦後は昭和二一年九月から物価庁が専管し、昭和二七年八月からは再び大蔵省の専管となった。日本酒の公定価格制度は、昭和三五年一〇月に廃止された。

造石課税の四期分納制と寒造り

昭和一五年（一九四〇）四月から施行した「酒税法」は、従前の酒造税法、麦酒《ビール》税法《ぜいほう》、酒精《しゅせい》及び酒精含有飲料税法など一〇法令をあわせて単一法令に統合した大改正だが、日本酒に関する課税方法は、従来から施行の造石課税《ぞうこくかぜい》と、新しく採用した庫出課税《くらだしかぜい》の、二本立てであった。

造石課税では、酒造家が造る日本酒の全量に課税することを原則とし、酒税は分納制を採用した。明治三一年（一八九八）から定着する四期分納制では、一酒造年度の前年一〇月一日から当年九月三〇日までを半年ずつ、前半と後半に二分したうえで、前半に二期、前半と後半をとおして一期、後半に一期と、合計四期を設定し、各期に税額の査定とその納税割合を定めた。そして酒造税の納期限は、各期とも期明けから相当の長期間をおいて、第一期が当年七月一六日から三一日、第二期は同じく一〇月一六日から三一日、第三期は翌年二月一六日から二八日、第四期は同じく三月一六日から三一日とした。

税額査定から納税までの期間が長く、この間に納税資金の運用により相当な金利収入が見込めるうえに、第三期と第四期の納期が、寒造りに適合的な取引慣行である、「新古酒《しんこしゅ》売捌《うりさば》き区分の時期」の二月と三月に重なり、同時期の納税資金が豊富となるところから、灘など下り酒の大酒造家に有利な課税法で、四期分納制は寒造りに適合的な税制であった。

四期分納制は、明治四年の一期全納制、六年の二期分納制、一三年の三期分納制を経て、二三年に帝国議会の発足に先立ち、納税者の便宜を図るためとして採用されたのである（大蔵省『明治大正財政史』第六巻）。

さらに、税務署が創設された明治二九年には、帝国議会は静岡県納税者らによる「酒税納期の改正を求める請願」（国立公文書館「議院回付請願書類原議」一五〇〇―九六七）を受け、二三年に制定した各期の酒造税納期限を大幅に改めて、第一期が当年七月、第二期は同じく一〇月、第三期は翌年一月、第四期は同じく三月と定めた。そのうえで明治三一年に、第三期の納期限を翌年二月に繰り下げて、定着した経緯がある。

四期分納制は、納税者の便宜を図るために採用し、納税者の求めに応じて寒造りに適する納期に改めたのであるから、明治三一年からの四期分納制の定着は、江戸時代に始まった日本酒の寒造りへの移行が全国化したことを測る、税制面からの指標となる。

庫出課税の導入

庫出課税《くらだしかぜい》は、酒蔵から日本酒が出荷される時点の出荷量が課税標準であり、酒税は出荷の翌月に納税する。酒造家の経営大小にかかわりなく均等で、課税者にも税額査定のための造石検査が不要となるなど、徴税費の節約ができる課税法である。

ただし、酒造家のあいだで行なわれる桶取引《おけとりひき》では、桶を買った酒造家は、桶の日本酒を自醸の日本酒にブレンドして売ることから、酒税の納税は桶を売った酒造家ではなく、桶を買った酒造家が行なうことになる。桶取引は未納税移出であり、未納税分は桶買主の納める酒税に含まれるため、これは、移出税額を示すことになる。

大蔵省主税局長《しゆぜいきよくちよう》の目賀田種太郎《めかたたねたろう》提案による「酒類蔵出税法案《しゆるいくらだしぜい》」（『酒税関係史料集 Ⅰ 明治時代』）は、造石課税にかえて、庫出課税の導入を目途《もくと》とし、酒造業界に賛否両論の対立を巻き起こしたが（『酒造組合中央会沿革史』第一編）、明治三六年（一九〇三）一二月からの第一九回帝国議会には提案する予定であった。しかし、一二月一〇日の開院式で、河《こう》野広中《のひろなか》衆議院議長の政府を弾劾《だんがい》する奉答文《ほうとうぶん》問題が起きたため、翌一一日に衆議院は解散となり、庫出課税の法案は未提出に終わった（『目で見る議会政治百年史』）。

その後、しばしば庫出課税の導入が検討されたが、採用にはいたらなかった（若槻礼次郎「税法審査委員会審査報告」など）。不採用となった最大の理由は、造石課税から庫出課税に一気に移行すると、寒造りに適合的な取引慣行下にある、灘など下り酒の大酒造家が、納税資金の確保、運用などの面で受ける過大な打撃を避けることにあった。

しかし昭和に入ると、寒造りに適合的な下り酒の取引慣行は大きく後退した。昭和一三年（一九三八）には奢侈品《しゃしひん》の課税が原則の物品税を創出し、日本酒にも庫出課税による物品税を課した。そして酒税大改正により、昭和一五年四月から施行の酒税法では、この清酒物品税は酒税法に統合して、庫出課税を導入した。従前の造石課税は、一気の廃止が大酒造家に与える打撃を緩和するため、庫出課税との並行施行とした。

庫出課税では、造石課税では一致させていた酒造年度と会計年度を分離し、会計年度は他の税目と同様に、現行の当年四月から翌年三月に改めた。

酒質課税への転換

日本酒の級別制度

アジア太平洋戦争は、昭和一八年（一九四三）二月に、ガダルカナルの日本軍玉砕《ぎょくさい》により、日本の暗転が決定的となった。その一八年四月、戦時増税のため、庫出《くらだし》課税《かぜい》に酒質《しゅしつ》に応じて課税する級別制度を採用し、ここに、酒税は酒質を重視する課税に転換した。

そのため、明治二三年（一八九〇）に採用されて、同三一年以来定着し、昭和一五年四月から並行施行中の、寒造りに適合的であった四期分納制の造石《ぞうこく》課税《かぜい》は、昭和一八年度末の昭和一九年三月に廃止された。

級別制度は、アルコール度数と原エキス分の階差により、日本酒をつぎのように一級から四級に区分し、一・二・三級の高級酒は高税率、四級のいわば大衆酒は低税率とし、高級酒からは高税収、消費の多い大衆酒からも広汎に税収し、全体的に酒税の増徴を図る目的があり、戦時増税策の一環に位置づけられる課税制度である。

	(アルコール分)	(原エキス分)
第一級	一六度	三二度
第二級	一六度	三一度
第三級	一五度	二九度
第四級	一四度	二七度

級別制度の階差は、いうまでもなく昭和一五年採用の成分規格を統一基準とする公定価格制度にならう方式である。したがって、公定価格の等級酒にみられるのと同様、一・二・三級には灘などの高級酒が集中し、四級は主に地方の酒が該当することになる。

級別制度の等級階差は、その後、戦中から戦後にかけて数次改正をみたが、昭和二四年に特急、一級、二級の三段階に改め、公定価格を廃止した三五年には、一級の下に準一級を設けて消費の拡大をめざしたものの、効果が上らなかったため、すぐ三七年に廃止した。

これら級別の酒質審査では、特級、一級は中央酒類審議会、二級は地方酒類審議会が担当し、酒造家がこれら審査に出品するか否かの判断は、酒造家の自由とし、出品しない場合、その日本酒は自動的に二級に配分される仕組みを採用した。すなわち、自醸の日本酒を特級あるいは一級の高級酒として高価に売るか、あるいは二級の大衆酒として売るかの判断は、各酒造家の経営手腕によるとした（吉田富士雄「清酒の級別制度を合理化」など）。

これは、知名度に劣る地域の酒造家が、自醸酒を上質な酒と自認し、特級、一級の品格を得て高級酒市場に進出しても、全国的に知名度の高い灘や伏見などの高級酒に伍して、利益が確保できるほど需要のある可能性は低いから、そうした経営上の危険を避けるためには、二級酒の大衆酒市場に甘んじることになるわけで、いわば日本酒づくりの存続を各酒造家の選択にゆだねる制度なのである。

日本酒の公定価格制度は、昭和三五年に廃止された。廃止後の昭和三八年後半から三九年初頭ごろの調査によれば、全特級酒生産量の約九〇%、一級酒の八〇%以上を灘と伏見の酒がしめ、地方の酒の大部分は二級酒であった（坂口謹一郎『日本の酒』）。

級別制度は、灘、伏見などの大酒造家に圧倒的に有利に働く制度、といえよう。

特定名称酒制度の導入

級別制度は、昭和六三年（一九八八）決定の消費税導入で廃止されることになり、平成元年（一九八九）一一月には、国税庁の「清酒の製法品質表示基準を定める件」により、平成二年度から特定名称酒制度が始まったため、この制度との並行施行ののち、平成四年度に廃止された。昭和一八年の導入から半世紀後のことである。

特定名称酒は、日本酒に仕込む原料米の精米歩合や醸造アルコールの添加程度、香味などの要件を基準に、現在では、つぎの八種に区分される。精米歩合とは、玄米に対する白米の重量割合であるから、削り取る米質が多いほど、重量割合は低くなる。なお、香味などの官能要件は省略した。

（名称）	（原材料）	（精米歩合）	（要件）
吟醸酒	米・米こうじ・醸造アルコール	六〇％以下	吟醸づくり
大吟醸酒	米・米こうじ・醸造アルコール	五〇％以下	吟醸づくり
純米酒	米・米こうじ	七〇％以下	
純米吟醸酒	米・米こうじ	六〇％以下	
純米大吟醸酒	米・米こうじ	五〇％以下	
特別純米酒	米・米こうじ	六〇％以下	特別な製造法
本醸造酒	米・米こうじ・醸造アルコール	七〇％以下	
特別本醸造酒	米・米こうじ・醸造アルコール	六〇％以下	特別な製造法

特定名称酒の区分に入らないものが、普通酒である。特定名称酒制度では、これら各酒に重量税率で課税する（『灘の酒用語集』）。

吟醸酒は、精米歩合六〇％以下の高度な精白米を使用し、もろみ（醪）は低温管理設備のもとで、ゆっくりと発酵させて造る。大吟醸の発酵は三〇日間ほどもかけるが、一回の仕込み規模は、普通酒などの二トン、三トンに比べると格段に小さい。つまり、吟醸酒は大量生産には向かない高級酒である（『日本の酒づくり』『日本酒』）。

吟醸酒には、醸造アルコールを添加する吟醸酒系と、添加しない純米酒系とある。醸造アルコールの添加の場合、その使用量は、白米重量の一〇％を超えない要件がある。

吟醸酒の市販開始

吟醸香《ぎんじょうか》のある酒は、広島県の西条《さいじょう》酒造地で品評会用の酒として明治四二年（一九〇九）に発祥した可能性が大で、吟醸香・吟醸酒の呼び名が大正一〇年（一九二一）から一二年ごろにかけて生まれ、吟醸酒が品評会審査の基準となるのが昭和初期で、大正末期から昭和初期にかけて、吟醸酒づくりに是非とも必要な高度精白を可能とする竪型《たてがた》精米機などが普及しはじめ、吟醸酒がふつうに造られるようになるのは昭和五、六年ごろからであるなどについては、すでに確認済みである。

しかし、吟醸酒づくりには、強力な研磨力をもつ竪型精米機などに加えて、長期の低温管理を可能とする冷却設備も必要である。その点、これもすでに確認済みだが、昭和四年度、五年度の大阪税務監督局管内に普及しはじめた酒造用の冷凍施設は、吟醸酒づくりにつながる低温管理設備である可能性が大であった。

さらに、小印《こじるし》が日本酒の高品格を示すシンボルマークであることは、これも公定価格新制度導入の事前調査書によりすでに確認済みであるが、その際、吟醸系の小印を用いていたのはつぎの商標で、単位は、卸売価格、小売価格とも樽詰《たるづめ》（一酒樽七五リットル詰）である（『酒造組合中央会沿革史』第三編）。なお、括弧内の府県は筆者が注記した。

（小印）	（商標）	（卸売価格）	（小売価格）	
吟　醸	天《てん》泉《せん》	七五円	八三円	（山形）
大吟醸	爛《らん》漫《まん》	七六円	八四円	（秋田）
大吟醸	紫《し》宸《しん》	七四円	八二円	
大吟醸	東《あづま》長《ちょう》	七三円	八一円	（佐賀）
別　吟	英《えい》勲《くん》	七三円	八一円	（京都）
別吟造	玉《ぎょく》鳳《ほう》	七六円	八四円	（香川）
特　吟	太平山《たいへいざん》	七五円	八三円	（秋田）

このように、吟醸酒はすでに昭和戦前の段階で、高度精白が可能な竪型精米機などと低温管理設備を得て、ふつうの製造が可能となり、高級酒としての市販の開始が確認できるようになる。これら吟醸酒の造り手の中心となるのは、灘の酒造家というよりは、むしろ秋田や佐賀など地域の酒造家である。

吟醸酒の市販は、戦中から戦後しばらくは日本酒の生産統制などのために、途絶してしまう。だが、高度経済成長が後半に入る昭和四〇年代半ばごろからは、つぎのように急速な吟醸酒の市販がみられるようになり、日本酒の愛飲家が多く買い求めた。そして、これらの造り手の中心は戦前と同様、いずれも新潟など地域の酒造家であり、彼らが成算を度外視して始め、〝吟醸酒づくり〟という高級酒開発を強調する共通の特色がある（『日本の酒づくり』）。なお、括弧内の地方は、一部筆者による。

地域酒造家の〝吟醸酒づくり〟

昭和三三年　賀茂鶴《かもつる》（広島）
昭和三八年　西の関《にしのせき》（大分）
昭和四三年　白瀧《しらたき》・和楽互尊《わらくごそん》・酔星《よいぼし》・妙高山《みょうこうさん》の「酒の芸術品」（新潟）
昭和四四年　元帥酒造《げんすい》（鳥取）、福正宗《ふくまさむね》（石川）、秘蔵初孫《ひぞうはつまご》（山形）、米鶴《よねつる》（山形）
昭和四五年　桃川大吟醸《ももかわ》（青森）
昭和四六年　大手門《おおてもん》（福岡）、吉乃川《よしのがわ》（新潟）、五橋《ごきょう》（山口）
昭和四七年　大洋盛《たいようさかり》（新潟）、誠鏡《せいきょう》（広島）、越乃寒梅《こしのかんばい》（新潟）、瑞君（埼玉）
昭和四八年　浦霞《うらかすみ》（宮城）
昭和五〇年　秋田吟醸酒（秋田）

これらの〝吟醸酒づくり〟は、級別制度とは距離をおく地域酒造家の独自な高級酒開発であり、この制度が有利に働く灘や伏見の高級酒とは、おのずと対抗の関係となる。

国税庁は昭和五八年度（一九八三）から、地方別の特定名称酒につき、その製造量を集計しはじめ、平成二年度（一九九〇）には特定名称酒の新制度を導入した。そして、新制度導入後の平成五年度では、特定名称酒市場において、新潟酒を筆頭にして地方の酒が優位をしめ、灘酒と伏見酒は劣位に沈むという、需要差異の明確となる事実が指摘されている（伊藤〈佐藤〉亮司「流通再編下における酒造業の展開に関する実証的研究」）。

これは、従来の級別制度にかえて導入した、特定名称酒制度の新しい高級酒の格づけが、新潟酒を筆頭に地方の高級酒に有利に働いていることを意味していよう。平成二年度の特定名称酒制度の導入は、高度経済成長期後半の昭和四〇年代半ばから、級別制度が有利に働く灘酒や伏見酒などに抗して、新潟酒などから巻き起こった〝吟醸酒づくり〟に由来し、地域酒造家による高級酒開発の努力がようやく結実した、とみることができるのである。

日本酒の統制

日本酒の自主的な生産統制は、昭和四年（一九二九）に、全国酒造組合連合会を発展解消させて成立する、酒造組合中央会が中心となり実施した。

日本酒の生産統制　大正後半から昭和に入っても続く経済不況のため、日本酒は過剰生産と需要の低迷に悩み、多くの酒造家が閉鎖に追い込まれた。この事態に対し、酒造組合中央会では昭和一一年に、組合員の申しあわせによる減産で対処しようとした。しかし、申しあわせ違反者が続出したところから、意図した減産にはいたらなかった。

昭和一二年七月に、日本と中国が全面戦争に突入すると、酒造組合中央会では、戦争の長期化に備え、食糧米の節約のためにも減産の必要性を訴え、酒造組合法を改正して、法律により「組合員の営業に関する統制」が実施できるようにした。そのうえで各組合員には、昭和一一年度の生産実績を基準にして、翌一二年度に生産できる石数《こくすう》に制限を設け、この生産石数を厳守させることにより、減産を実施に移した。酒造組合中央会による自主的な生産統制が、ようやく軌道に乗ったといえよう（『酒造組合中央会沿革史』第三編）。

このときに定めた生産石数が、各酒造家のもつ「基本石数」とみなされ、以降は江戸時代（近世）の株札《かぶふだ》と同様に経営権を明示し、売買や譲渡も自由で、生産統制などの基準ともなる。

昭和一四年秋、西日本および内地移出米の生産地である朝鮮が大干ばつにみまわれ、食糧不足が懸念されたところから、急遽、一一月に酒造米は大幅な割当削減を受けることになった。そのため自主的統制で九月に決まっていた一四年度の日本酒生産量は、全体で二〇〇万石にほぼ半減された。酒造米は、農林省から大蔵省をとおし、酒造組合中央会を経て、各酒造家に基本石数を基準に割り振られたが、急遽の酒造半減令は、従前の酒あまり感から一転して酒不足の思惑を呼び、一四年一〇月から表面化した水酒《みずざけ》問題を激化させる主因となった。

酒造米の割り当て主務管庁は、昭和一五年に、米穀の国家管理を担うために創設された農林省の食糧管理局である（『農林行政史』第八巻）。

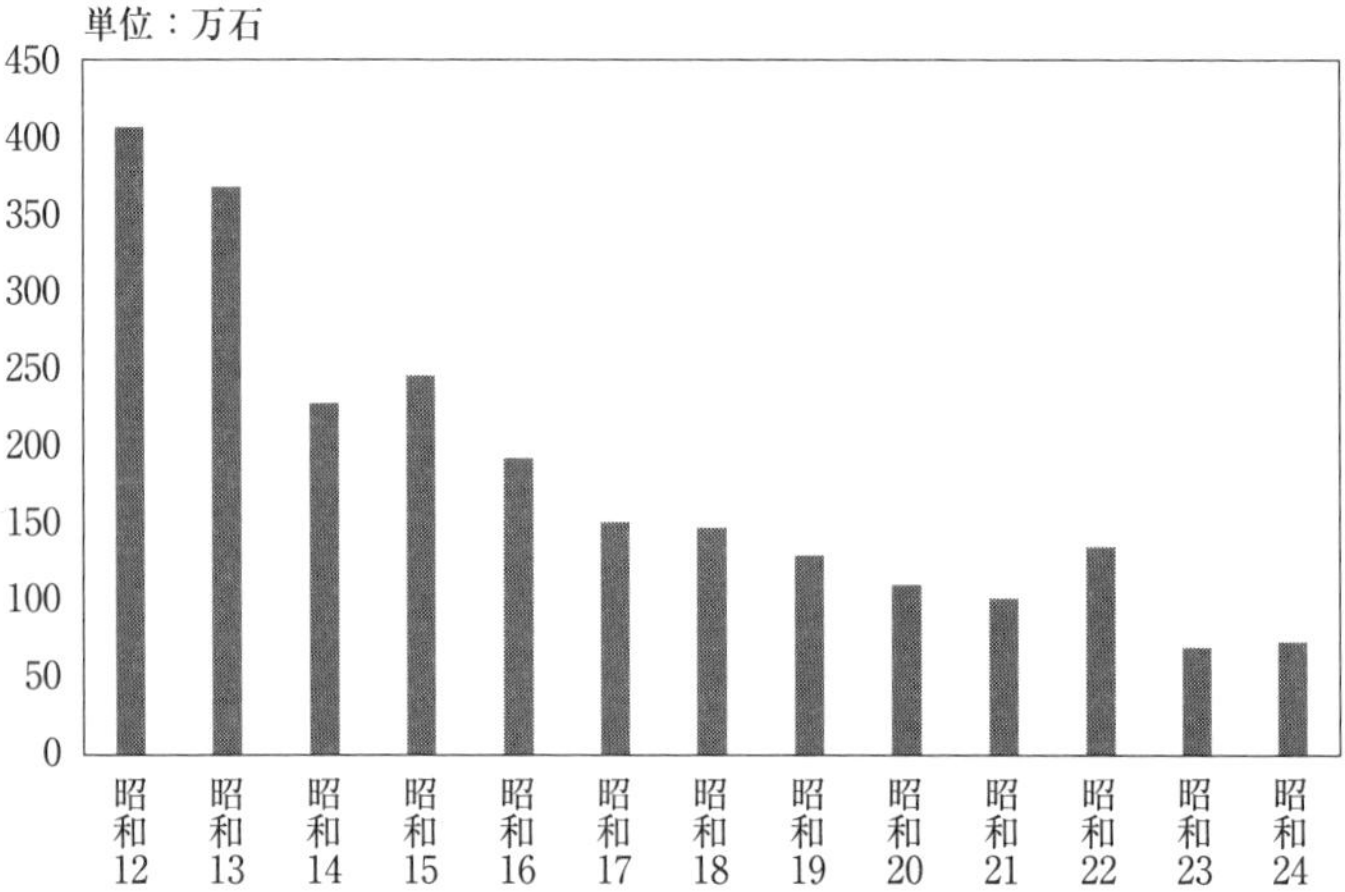

図16　戦中・戦後の日本酒生産量

大幅な日本酒不足

昭和一四年度（一九三九）から、酒造米の割当制度による生産統制が継続実施されることになったが、割当米の削減が続き、極端な日本酒不足の時代が到来した。

図16の「戦中・戦後の日本酒生産量」（『主税局統計年報書』各回）は、戦中から戦後にかけての日本酒の生産量グラフである。これによると、酒造組合中央会の自主的な生産統制の始まった昭和一二年度は、およそ四〇〇万石であったが、酒造米の割当を受けるようになった一四年度は半減令で二〇〇万石に、その後も割当米の削減で生産量は漸減し続け、終戦の二〇年度には一〇〇万石とさらに半減した。戦後は食糧事情のさらなる悪化が影響して、日本酒の生産量は二三年度と二四年度

にはついに、七〇万石にまで縮小してしまう。

大幅な日本酒不足は、とくに戦後、違法な密造酒の横行を招いたが、焼酎に工業用のメチルアルコールを加えた〝バクダン〟などと称する密造酒も横行し、死亡者が多いなどの健康被害が頻発《ひんぱつ》する社会問題の温床ともなった（菅間誠之助『焼酎の事典』）。

しかし、いっぽうで大幅な日本酒不足は、日本酒の造り方に新しい技術が加わる起動力の役割も果たすのである。

なお、酒造米割当による日本酒の生産統制は、食糧管理制度が根本的に改正され、自主流通米制度に移行したため、昭和四五年三月に廃止された。その後は四八年度までの暫定措置として生産自主規制が実施に移されたが、自主規制の廃止後は、日本酒生産は完全に酒造家の自由となった。

現代の酒造新技術―アル添

戦中から戦後に露《あら》わとなった日本酒不足の最大の要因は、酒造に用いる原料米の不足にあったから、酒造米をできるだけ節約して、できるだけ多く造る新しい酒造法が開発され、日本酒づくりに導入されるようになる。それらはアルコールを添加する方法であったから、単に「アル添《てん》」などと略称される。

昭和一四年（一九三九）から一六年にかけて、満洲（中国東北部）では、もろみ（醪）にアルコールを添加して日本酒を増量する試験に成功した。史上最初のアル添酒《てんしゅ》である。いっぽう日本政府でも、アジア太平洋戦争中の昭和一七年度に、商工省燃料局の生産によるアルコールを使用し、全国五五か所の酒造家に対し、アルコールの添加種類と数量に一定条件を課したうえで、アル添の試験醸造を承認した。これが国内最初のアル添酒であるが、このときには、日本酒そのものにも一定の条件でアルコールを混和することを承認した。

昭和一八年度にも、添加する種類と数量を一定条件のもとで許すアル添の試験醸造は広げられ、一九年度には全国の酒造家に行きわたった。もっとも企業整備の実施により、一九年度の酒造家は二五三二場となる。

戦後は原料米事情がさらに悪化し、日本酒もさらに増量する必要が生じたため、昭和二五年度から、一定条件を緩和し、アルコール添加量の増量を承認した。そして二四年度からは、アル添に新しく「醸造アルコールの添加」をみとめたのである。

醸造アルコールは増醸酒《ぞうじょうしゅ》の味つけであるところから、当初は「調味アルコール」と名づけられた。調味の中身は、アルコール・ブドウ糖・水あめ・乳酸・グルタミン酸ソーダ・無機塩類などからなる。従来の米と麴《こうじ》、水のみで造る「純米酒」では、原料の総米一〇石から一五石の酒を得るが、三〇％の調味アルコール二〇石を添加すると、アルコール分二〇％の酒が四五石できることになる。純米酒より三倍も増醸できたから、この日本酒は「三倍増醸酒」ともいい、単に「三増《さんぞう》」とも略称された（『日本の酒の歴史』）。

三増法は、大正一一年（一九二二）に理化学研究所の鈴木梅太郎《すずきうめたろう》が開発した、「合成清酒」という人工的な清酒製造技術を基礎にし、戦時中に醸造試験所が開発した、新しい酒造技術である。三増法による日本酒は、米だけで造る純米酒に比べ、「甘すぎる」とか、逆に「淡麗だ」などと、賛否両論の世評が長く続いた。

しかし、醸造アルコールの添加による上質な日本酒づくりは、醸造学の多大な成果を吸収したうえで、精緻な成分分析、および厳密な製成管理の技術が求められる、科学的な酒造法のひとつである。昭和二四年の承認以来、アル添技術を導入して、多くの酒造家が多様な日本酒の開発に試行錯誤を繰り返し、全体的に酒造技術の熟練度、酒質の上質さは高まっていく。

図17　鈴木梅太郎

平成二年度（一九九〇）に始まる特定名称酒制度のうち、上質な酒の代名詞ともいわれる吟醸酒および大吟醸酒には、純米酒系以外では、醸造アルコールの添加が是非とも必要なことは、すでに確認済みである。この事実が、アル添の技術的進歩を裏づける。アル添は、まさに現代の酒造新技術である。

さて、話をアジア太平洋戦争中に戻そう。昭和一七年（一九四二）五月発令の企業整備は、中小企業を整備して、転廃業者の労力や諸物資を戦時生産の増強につなげる目的があった。

企業整備による生産統制と酒造機械

大蔵省は、昭和一七年一〇月に「清酒製造業企業整備要綱」、および「清酒製造業企業整備ニ関スル件」を示し、酒造家に対する企業整備を実施に移した。それらを要約すれば、全国的に酒造家の基本石数に準じて半減目標の整備率を設け、半数は企業合同などもすめて製造能力を充実させ、他の半数は転廃対象として、転廃業者の労力は軍需工場などに振り向け、転廃機械設備などは軍事目的に供出させる、などの内容からなる。酒造家の廃絶につながる、強制的な生産統制の内容に満ちたものであったといえよう。

ただし、半減の整備率は全国一律の適用ではなく、府県の実情を考慮して、適宜に融通しあうこととしたため、実際の企業整備では整備率を上まわる府県と、下まわる府県とのあいだで、基本石数の交換、委譲が行なわれた。

企業整備は昭和一八年度から二か年度にわたって実施されたが、整備前の一七年度の酒造家は六五三九場であるが、一八年度には二五三一場に減少、一九年度には二五三二場と、一場増えている。一七年度を基準にすれば、酒造家数は六割以上の整備率となる。

転廃業者がもつ酒造機械などの金属類は供出処分とされ、鋳《い》つぶしたうえで、航空兵器など軍事目的に再利用されることになるが、転廃業者に支払われる処分代金の算出基礎となる「清酒製造業者の資産評価基準」をみると、つぎのようにこの時期の酒造に用いる機械の概要が判明する（『酒造組合中央会沿革史』第三編）。

精米機用昇降機…精米機、タンク、玄米箱万石《まんごく》および調革《ちょうかく》つき
洗米機…連続式小型、連続式大型、手廻式
圧搾機《あっさくき》…水圧式、螺旋式《らせんしき》、天秤《てんびん》式
移動式輸送ポンプ…手動式、電動式オールギアー型
圧力濾過器《ろかき》…連結式綿濾過機《めんろかき》、ポンプ直結式綿濾過機、炭素濾過機、軽銀製自然濾過機
洗綿機…流動式、丸型循環式
罎洗滌機《びんせんじょうき》…罎洗い機、罎滌機、簡易罎滌機
罎詰《びんづめ》火《ひ》入《い》れ機《き》
計量罎詰機…永田式四本立、永田式二本立
琺瑯《ほうろう》製品…タンク、半切《はんぎり》、酒樽

これらから、日本酒づくりの機械化は、すでに昭和戦前期において相当な段階に進んでいたことが判然となる。

日本酒の配給制開始

日本酒の不足は、昭和一四年度の酒造半減令、一五年度の継続実施で、昭和一五年末ごろからにわかに深刻となり、少ない日本酒はできるだけ平等に消費者に行きわたらせる統制が必至となった。それが日本酒の配給制で、酒類の配給機構が整う昭和一六年（一九四二）一〇月から、全国一斉に実施に移された。

日本酒が間税品《かんぜいひん》だけに、その配給機構は大蔵省―財務局（国税局の前身）―税務署が、統轄の中心となる。まず、大蔵省のもとにほかの酒類団体本部などとともに、「大日本酒類販売統制株式会社」なる酒類元売りの国策会社を組織する。つぎに、このいわば本社のもとに、「道府県酒類販売統制株式会社」を組織するが、この支社に相当する道府県会社の構成員は、道府県管内の酒類酒造家とその卸業者、小売業者の出資者からなる。支社のもとには、税務署管内ごとに「支店」を設け、支店では、家庭用の酒類は小売業者が取り扱い、一般消費者用は、小売業者の団体で構成される「業務用酒共販組合」などが取り扱う。

さて、日本酒の配給は、大蔵省の指示のもと、元売りの本社が配給計画を樹立し、府県ごとの割当量を支社に指示、支社では社員である酒造家ごとに配給量を割り振り、酒造家は日本酒を製造し、割当を受けた配給量は支店に出荷する。支店では家庭用は小売業者に配し、小売業者が家庭消費者に販売する。一般消費者用は業務用酒共販組合に配し、業務用酒共販組合では、料理業組合などの仲介を得て、接客業者にこれを販売する。小売業者および業務用酒共販組合では、自身の取り扱った日本酒の販売量、販売代金などは、管轄の税務署長に報告する義務があった（『酒造組合中央会沿革史』第三編など）。

ただ、日本酒の移入量が圧倒的な東京市では、東京府酒類販売統制株式会社のもと、灘《なだ》の大手酒造家が設ける東京出張所などを支店に指定、配給の日本酒はこの支店に集荷した。すでに問屋業の喪失で東京酒問屋組合を改組した、東京酒問屋統制商業組合にかわり、「東京府酒類問屋卸業連合会」が中心となり、税務署管内ごとの配給酒を取り扱い、小売業者および業務用酒共販組合が、末端の配給を取り扱った（「酒販業界七十年」など）。

なお、東京府は昭和一八年七月一日に、東京市と多摩地方の二市一七町四五か村を合併させ、東京都制に移行した。

家庭用配給と町会・隣組

日本酒の家庭用配給は、税務署管内の実績ある小売業者が分担したが、実際の配給には町会・隣組の組織を利用し、切符制あるいは通帳制などにより、各家庭人が配給の日本酒を購入する方法を採用した。

町会・隣組の組織は、内務省が昭和一五年（一九四〇）九月に、全国の市町村に設置を義務づけた、地方行政の補助的下部組織である。生活物資の配給はすべて町会・隣組の組織をとおして行なわれたが、大蔵省も酒類の配給に、この下部組織を利用した。

各府県の酒類販売統制会社では、元売り会社の指示を受け、酒類の配給時期・数量・配

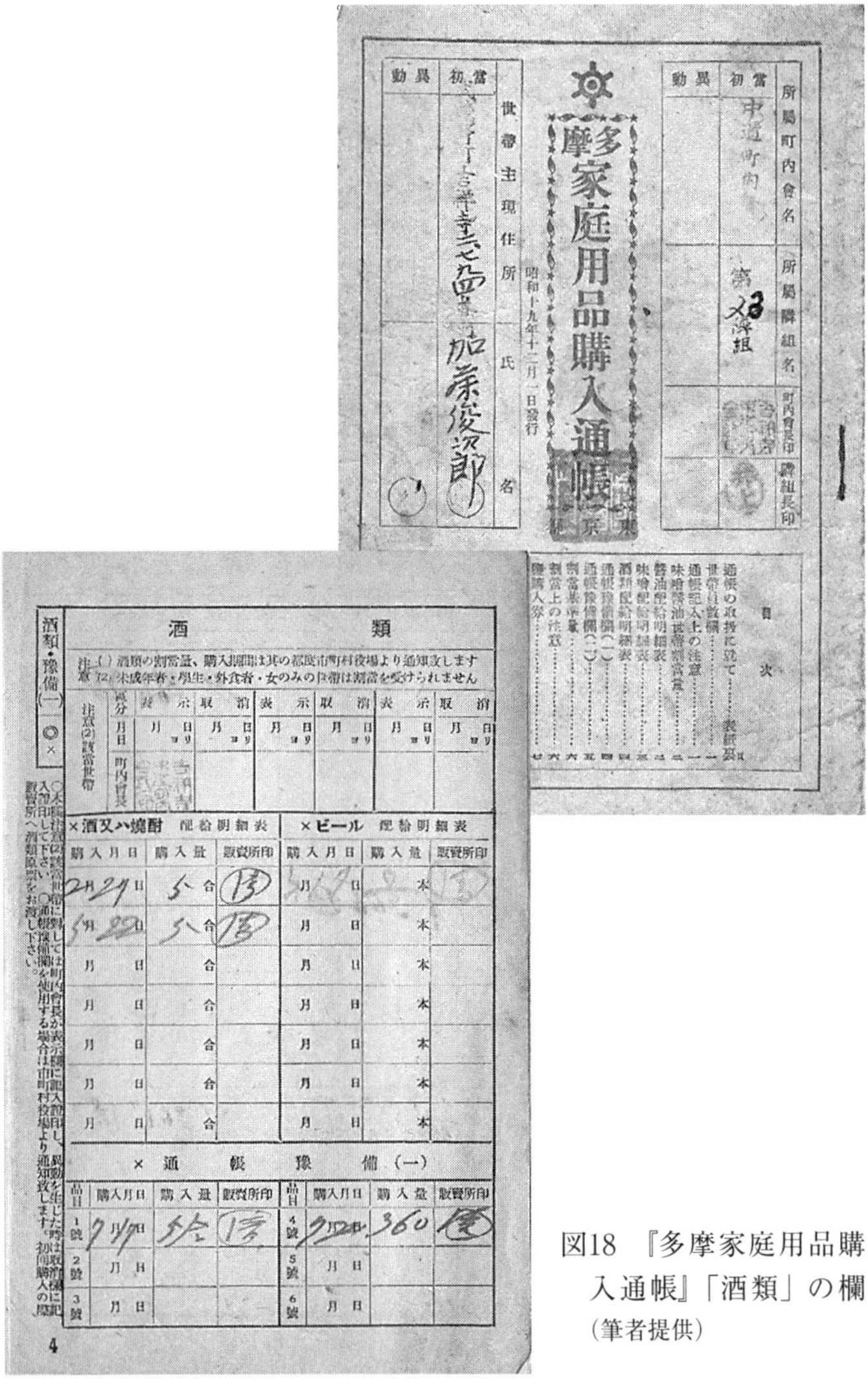

図18 『多摩家庭用品購入通帳』「酒類」の欄
(筆者提供)

布方法などを市町村に連絡、市町村ではそれらを回覧板などにして、下部組織の町会長・隣組長をとおし、最終的に家庭消費者の隣組員に配給内容が伝わるようにする。

いっぽう市町村では、酒類配給用の切符あるいは通帳を作成し、これも町会長・隣組長をとおして、下部組織最末端の各家庭に配布する。切符などには、家庭の人数・性別・年齢に応じ、配給品制限点数などの記載がある。日本酒の購入を希望する家庭では、毎月の配給日に切符などを小売店あるいは配給所に持参し、切符の制限点数の範囲内で、配給日本酒を購入することになる。このときの購入価格は当然、日本酒の公定価格である。

東京市・東京都区部の家庭用日本酒配給

さて、東京市では昭和一六年（一九四一）一月から、日本酒の店頭自由販売は、一日一人二合に制限した。さらに、同年四月からは、毎月、日本酒は一世帯四合、ビールは一世帯二本ないし四本の家庭用配給を、通帳制により始めた。東京市独自の家庭用酒類配給の開始である（『東京大空襲・戦災誌』第五巻など）。

酒類の家庭用配給が全国一斉に始まるのは、昭和一六年一〇月からである。しかし、東京市・東京都区部では、図19の「東京市・東京都区部一世帯あたり酒類配給数量推移」にあるように、それ以前の九月から終戦後の二一年六月までの日本酒配給状況が判明する。

日本酒の家庭用配給は、当初は毎月五合とすこぶる順調であった。しかし、東京都制に移行する昭和一八年七月ごろからは、日本酒は合成清酒、焼酎あるいは直しみりん（焼酎を加えてアルコール分を高め飲用にするみりん）などから選ぶ選択制となり、ふた月に一回となったり、配給のない欠配が続くようになり、さらには雑酒、薬味酒、果実酒（ブドウ酒）などの特別配給で代用される回数が増えるようになる。こうした選択制、欠配、特別

4月	5月	6月	7月	8月
酒5合	酒5合	酒5合	酒5合	酒5合
ビ2本	ビ2本	ビ2本	ビ2本	ビ2本
4月	5月	6月	7月	8月
	酒5合	酒or合成4合	盂蘭盆用酒類特配	酒or合成or焼4合orビ2本
	ビ3本	ビ2本	ビ2本	
4月	5月	6月・7月		8月
		酒or合成5合or焼4合・6月雑酒特配		
4月	5月	6月	7月	8月
		数量特配	酒or合成5合or焼4合	壜ビール夏期特配
4月	5月	6月		
	＊	盂蘭盆用酒類特配	＊酒or合成5合or焼or直味4合	
ビ2本		ビ2本		

あたり酒類配給数量推移

『都政週報』」

昭和16年				17年		
9月	10月	11月	12月	1月	2月	3月
酒4合	酒5合	酒5合	酒5合	酒5合	酒5合	

				18年		
9月	10月	11月	12月	1月	2月	3月
酒5合	酒1升	酒8合	酒8合		酒5合	酒5合
ビ2本	ビ2本		ビ2本			ビ1本

			19年
9月	10月・11月	12月・1月	2月・3月
	酒 or 合成1升 or 焼8合	酒1升	酒 or 合成5合 or 焼4合

				20年		
9月	10月	11月	12月	1月	2月	3月
味醂特配			薬味酒特配	酒 or 合成5合 or 焼 or 直味4合		
				ビ2本	果実酒特配	

				21年	
9月	10月	11月	12月・1月	2月	3月
酒 or 合成5合 or 焼 or 直味4合		同年9月に同じ	酒 or 合成1升 or 焼 or 直味8合，ビ2本		
					ビ2本

図19　東京市・東京都区部一世帯

(注)　酒は清酒，合成は合成清酒，焼は焼酎，直味は直し味りん，ビはビール

(出典)　税大租税史料および東京都「戦時下「都庁」の広報誌『市政週報』

配給による代用などの主要因が、日本酒不足にあることはいうまでもないであろう。

昭和二〇年三月一〇日未明の東京大空襲では、東京都内の東側半分がB29の焼《しょう》夷《い》弾《だん》のために大火災となり、犠牲者が一〇万人を超える大惨事となった。その後、都内は四月と五月の大空襲で西側半分も焼失してしまう。これら東京都内を焼き尽くす空襲被害のため、三月から五月にかけては欠配が続き、六月に入りようやく「数量特配」が行なわれた。数量特配は、日本酒一人一合一回のコップ販売のことである。

日本酒の家庭用配給は、終戦前後には断続的、選択制ながらも続けられるが、日本酒不足が最も激しくなる昭和二一年六月以降は、史料欠落のため明らかにできない。

空襲下の酒税徴収

昭和一六年一二月八日のアジア太平洋戦争の開戦以来、税務職員にも出征が続いた。一九年一一月二四日、東京都北多摩郡武蔵野町（武蔵野市）の中島飛行機武蔵製作所への空襲を本格的な本土空襲の端緒として、アメリカ軍の日本空襲は全国の都市に広がった（鈴木芳行『首都防空網と〈空都〉多摩』）。

各地の税務署でも、出征のための正規職員の欠乏に加え、空襲のため庁舎が焼けたり、課税に必要な書類も焼失などの被害を受けたり、税務署管内でも空襲被害による納税者の異動や課税物件の喪失が続いたりした。

そのため、政府は昭和二〇年七月に、勅令「昭和二〇年戦時緊急措置法に基づく税制の適正化に関する件」(『法令全書』昭和二〇年)を公布し、酒税に「申告納税制度」を創設するとともに、納付期日の延長、および徴収補助団体代表者の徴税額取りまとめをみとめることにした。

徴収補助団体とは、日露戦争後の地方改良運動のころから、地域や職場、諸団体などの単位で設けられた、「納税貯金組合」「納税督励組合」「税金取纏組合」などの納税組合をさす(広島税務監督局『管内納税施設及慣例調査書』など)。

空襲下の収税機構や納税者にみられる混乱は、明治初期にあったと同様の、酒税徴収の一端を民間人にゆだねる事態を生起させたのである。

なお、昭和二〇年七月の申告納税制度は一時的なもので、酒税が現行のような申告納税制度になるのは、昭和三七年の改正からである(『酒造組合中央会沿革史』第四編)。

日本酒の配給制廃止

家庭に配給する日本酒の価格も、接客業者が一般消費者に販売する日本酒の価格も、すべて公定価格による。公定価格によらない日本酒の売買はすべて闇価格であり、取り締まりの対象となる。

日本酒に級別制度が導入された昭和一八年(一九四三)から、戦後に配給統制が廃止される昭和二四年まで、一升ビン詰一級酒の小売公定価格は、図20の「一升ビン詰一級酒の小売公定価格の推移」(各年発令告示)にあるように、非常な高騰をみせる。ただし、ここ

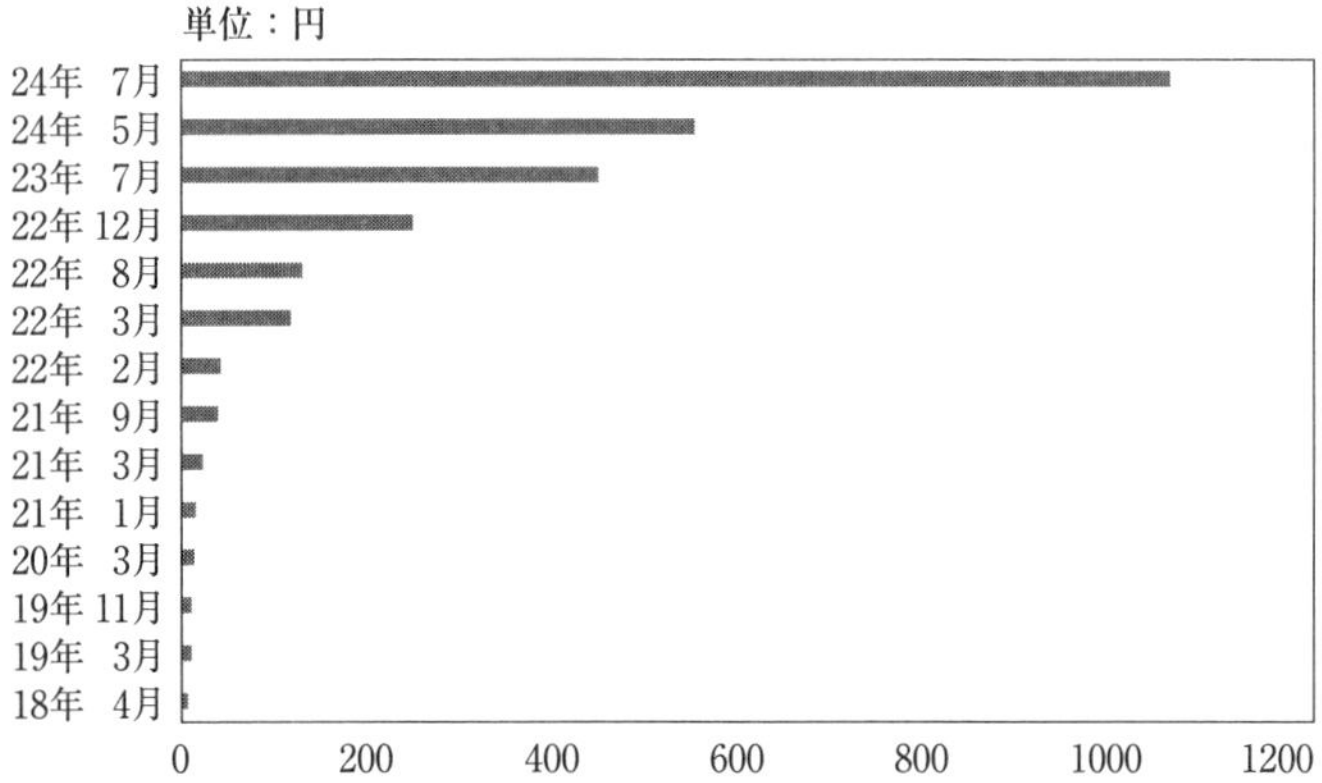

図20　一升ビン詰一級酒の小売公定価格の推移

の一級は、二四年から採用の特級・一級・二級の三段階制では、特級が相当する。

昭和一八年四月は七円、一九年三月から二〇年三月にかけて三回の値上げで四〇円に上昇するが、これでも戦中は小幅な値動きである。しかし、戦後になると、二一年は三回、二二年は四回と、連続的に七回の値上げで、四〇円から二五〇円に、二三年は一回二〇〇円値上げで四五〇円に、二四年は二回の値上げで、一気に一〇七二円六〇銭と騰貴した。

七円を起点にすると六か年で、実に一五三倍の上昇となる。最も激しい値動きは、連続的に七回も値上げのあった昭和二一年から二二年にかけての時期である。日本酒価格のこの異常な上昇が、とくに二一年および二二年の危機的な食糧事情、そのための原料米大削減に起因する大幅な日本酒不足、酒税の相つぐ増徴などに加えて、戦後の混乱期に荒れ狂った超インフレに誘引のあることはいうまでもない。

昭和二〇年八月一五日に、昭和六年の満洲事変以来続く長い戦争が終わった。終戦直後の九月に日本に進駐したアメリカ軍人のなかには、小売業者などに対し、配給下にある酒類を強く求め、対応を迫った。これに対し大蔵省では、ごく少数ならば公定価格で販売してよい処置を講ぜざるを得なかった。アメリカ軍の日本進駐からまもない二〇年一〇月のことである。敗戦をまざまざと感じさせる酒類行政の一端であった。

日本占領政策の中枢を担うＧＨＱ（連合国軍最高司令官総司令部）は、経済民主化の一環として町会・隣組組織の解体を指示し、昭和二二年三月に廃止された。町会・隣組という家庭用酒類配給のための下部組織を失ったことにより、二二年七月、大蔵省は家庭用酒類の配給解消を公表、ついで八月には、家庭用酒類の自由登録制を実施に移した。自由登録制とは、消費者が自由意思により、自身の居住区域内において最適とする酒類の小売業者を選定、選定業者に対し消費する酒類の購入を予約・登録して、酒類が購入できるようにする制度であり、このことにより、消費者を家庭用酒類の配給から自由にしたのである。

昭和二二年三月、ＧＨＱによる財閥など大企業の私的独占禁止、経済民主化の意向に応じ、大日本酒類販売統制株式会社は解散した。かえて「酒類配給公団」を設け、酒類の配給制を継続することにし、酒類配給公団は一年限りの営業を条件に、翌二三年三月から業務を開始した。一年限りの存続としたのは、酒類配給公団による酒類の一手購入、一手販売の方式が、前身の国策会社による営業と同じことから、経済民主化などを求めるＧＨＱの意向に配慮したためであった。

昭和二四年六月、酒類配給公団は解散し、大蔵省は翌七月に、家庭用酒類の配給、および配給公団の設置とともに設けた、小売業者を規制する自由登録制も廃止した。ここに酒類の販売は自由となり、日本酒の配給制は廃止された。

現代の日本酒事情

酒造地の変動

現代の酒税収入

現代の国税収入と酒税の位置

現代の国税収入規模とその推移、国税収入にしめる酒税の位置などを確認したい。戦後の昭和二一年度（一九四六）からは、経済的現象の特質などにより、つぎのように時期区分できる。各期の国税収入額、酒税収入額もともに示す（『主税局統計年報書』および『国税庁統計年報書』各回）。

・復興期…昭和二一年度〜三〇年度　神武景気《じんむけいき》
　国税収入額　始期二五三億円〜終期八一八〇億円
　酒税収入額　始期二四億円〜終期一六〇〇億円
・高度経済成長期…昭和三一年度〜四八年度　オイルショック
　国税収入額　始期九七二〇億円〜終期一三兆三六〇〇億円

酒税収入額　始期一七三〇億円～終期七九〇〇億円

・安定経済成長期…昭和四九年度～平成二年度（一九九〇）バブル経済崩壊

国税収入額　始期一五兆円～終期六〇兆一〇〇〇億円

酒税収入額　始期七七〇〇億円～終期一兆八四〇〇億円

・長期デフレ期…平成三年度～平成二四年度

国税収入額　始期五九兆八二〇〇億円～終期四六兆九二〇〇億円

酒税収入額　始期一兆八八〇〇億円～終期一兆二七〇〇億円

国税規模は、復興期終期の昭和三〇年度は八〇〇〇億円台にすぎないが、高度経済成長期の一八か年では、一気に一四倍も膨らみ、一兆円弱から一三兆円台に突入し、つぎの安定経済成長期にも増大し続け、終期には六〇兆円台にまで拡大する。しかし、その後の長期デフレ期には縮小が続き、終期の平成二四年度では四六兆九二〇〇億円で、これは昭和六二年度の四六兆八〇〇〇億円と、ほぼ同一の水準である。

現代の酒税収入

いっぽう酒類全体にかかる酒税の収入規模は、復興期始期の二四億円を起点に、つぎの高度経済成長終期には三二九倍増の七九〇〇億円に、安定経済成長終期には七六六倍増の一兆八四〇〇億円となる。しかし、つぎの長期デフレ期には減少が続き、終期の平成二四年度では一兆二七〇〇億円で、これは昭和五三年度

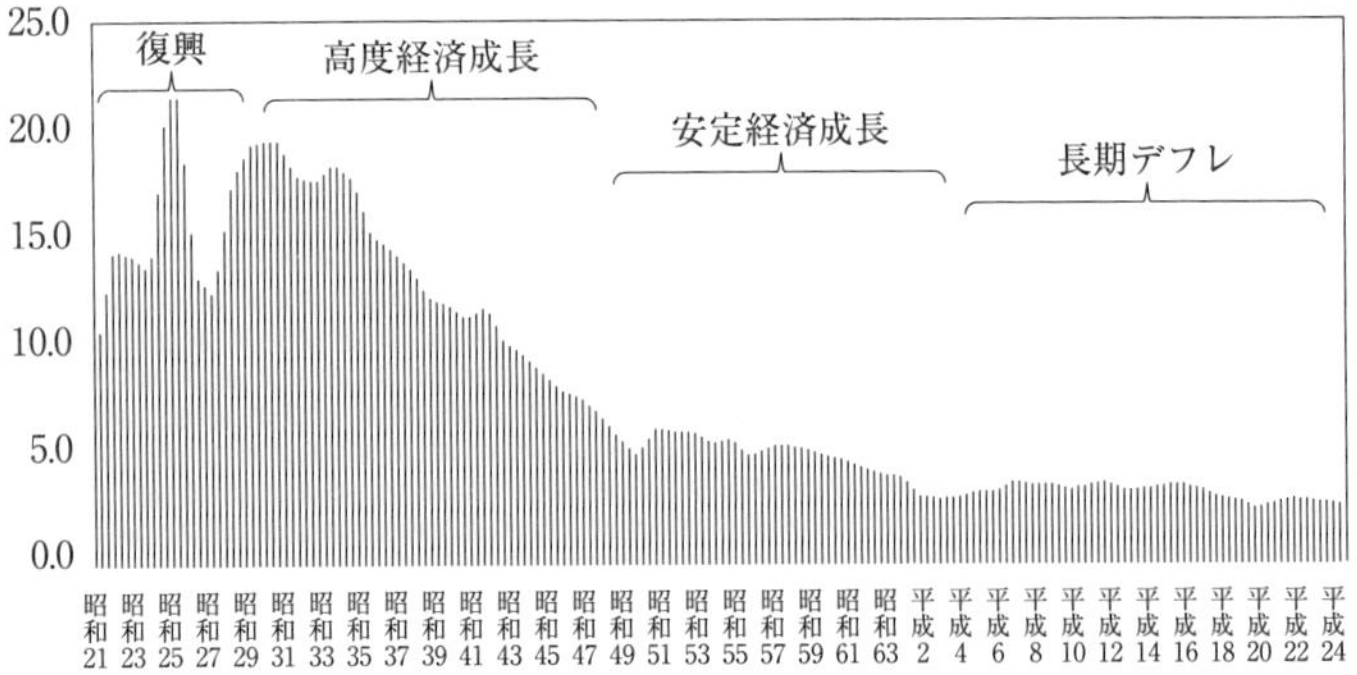

図21　現代の酒税割合

（出典）『国税庁統計年報書』各回

（一九七八）の一兆二四〇〇億円と、ほぼ同一の水準である。

近代では、酒税は、地租《ちそ》および所得税と並び三大基幹税のひとつに数えられ、国税収入にしめる地位はきわめて高かったが、現代では、つぎにみるように近代にあったような高位はなく、大きく後退してしまう。

図21の「現代の酒税割合」は、昭和二一年度から平成二四年度（二〇一二）までの各年度の、国税収入にしめる酒税収入の割合である。復興期に収入割合が激しく高下しているが、これは酒類のなかでも日本酒にかかる増減税の影響が大きい。しかし、収入割合が二〇％を超えるのは、昭和二五年度（一九五〇）の二二％の一度だけで、復興期の終期にも二〇％近くあったものの、つぎの高度経済成長期からは、収入額は大いに膨らませながらも、収入割合は

どんどん下げていく。

そして、昭和四三年度（一九六八）には一〇%を下まわり、六〇年度（一九八五）には五%も下まわり、長期デフレ期に収入額が縮小するようになると、平成一九年度（二〇〇七）にはついに三%を下まわり、二四年度も同じ水準にある。

日本酒税収の酒税収入にしめる地位

近代では、日本酒にかかる税収は、数ある酒類のなかでも日本酒に対する需要が巨大であっただけに、酒税収入全体にしめる地位も圧倒的であった。しかし、現代に入ると途端に、圧倒的な地位に揺らぎが生じる。それは、たとえば大正一五年度（一九二六）と、昭和二五年度とで、各酒類にかかる税収割合を比べれば明白である。

（年代）	（酒類税収額）	（日本酒）	（焼酎）	（ビール）	（その他）
大正一五年度	二億四〇〇〇万円	八〇%	一〇%	八%	二%
昭和二五年度	一〇九四億四七〇〇万円	三八%	二三%	二五%	一四%

日本酒の税収は、近代の大正一五年度では、酒税収入全体の八〇%もあったが、現代の二五年度では三八%にすぎず、いっぽうで焼酎とビール、その他の税収が大きく伸びている。日本酒にみるこの揺らぎの原因が、戦中から戦後の原料米統制による日本酒不足にあることは指摘するまでもないであろう。焼酎とビール、その他が伸びたのは、日本酒不足

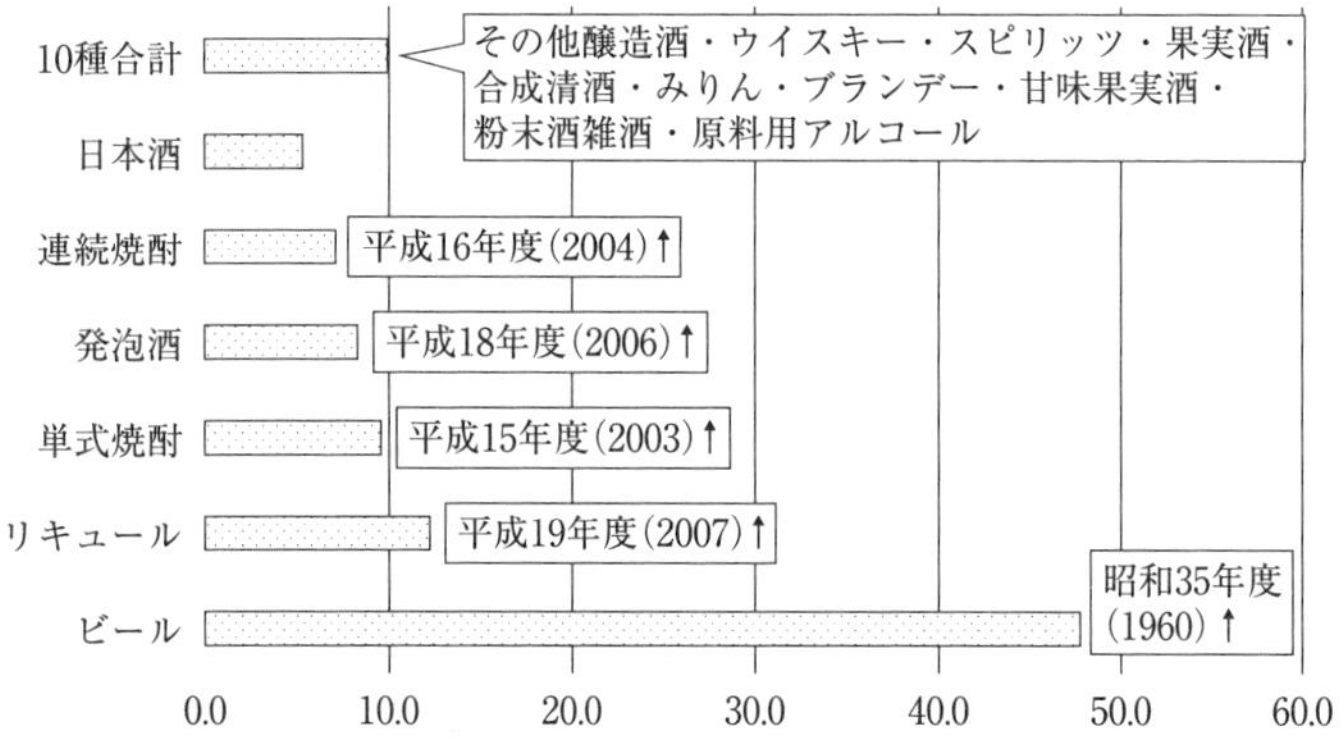

図22　平成24年度酒類の種類別税収割合
（出典）『国税庁統計年報書』各回

を補うため、焼酎やビール、合成清酒や果実酒（ブドウ酒）などの生産が奨励され、それらがいわば代用酒類として配給にまわされ、販売量が伸びたことにある。

日本酒の税収は、戦後の復興期に酒類税収上の地位に揺らぎが確認できるようになったが、つぎの高度経済成長期からは、さらにその地位を後退させるようになる。

図22の「平成二四年度酒類の種類別税収割合」は、平成二四年度（二〇一二）の段階で、主な酒類の税収割合に、日本酒の税収割合を上まわるようになった酒類について、その追い越し年度を加えたグラフである。

日本酒は高度経済成長期の昭和三五年度（一九六〇）に、ビールに酒税収入トップの地位を譲りわたす。ビールはその後、一度として日本酒に追いつかれることはなく、むしろ飛躍的にその地位を高めていった。

日本酒は昭和三五年度に酒税収入トップの地位をビールに明けわたしたが、その後は四〇年以上にわたり、第二位の地位を保った。しかし、長期デフレ期に入り、酒税収入が縮小するようになると、日本酒は、平成一五年度には単式焼酎（単式蒸留器で蒸留した焼酎、焼酎乙類あるいは本格焼酎ともいう）、一六年度には連続式焼酎（連続式蒸留器で蒸留した高純度アルコールに水を加えて造る焼酎、焼酎甲類ともいう）、一八年度には発泡酒、一九年度にはリキュールと、連続的にほかの酒類にも追い越されてしまい、平成二四年度では第六位の下位に沈み、酒税収入縮小の主要因となっている。

日本酒の地位後退の一因は、酒類需要の多様化に加え、これら上位酒類の需要増大、税率アップなどにあるが、その主因は、〝日本酒離れ〟といわれる、日本酒自体の需要低迷に求められる。

なお、昭和五四年度から〝洋酒ブーム〟により、ウイスキーが日本酒の税収額を上まわるようになるが、平成二年度からは再び日本酒を下まわるようになった。

四季醸造と機械化

四季醸造の実現

一年に一回仕込む寒造《かんづく》りに限定せず、一年間をとおして仕込み、日本酒の生産増加を図る「四季醸造《しきじょうぞう》」の考え方は、すでに明治九年（一八七六）の「地租《ちそ》ヲ削減シテ酒類官売《かんばい》ヲ行フ説」にみることができる（表6参照）。ちなみに「官売」とは専売のことである。

しかし、四季醸造実現の可能性に向け、最初に始動したのは、明治三七年創設の醸造試験所である。醸造試験所の設置項目には、日本酒の品質および醸造方法の改良のため、「四季醸造の途を開くこと」が掲げられていた。四季醸造の実現のためには、杜氏《とうじ》集団の手労働に大きく依存している日本酒づくりに、機械化が是非とも必要となる。

明治四〇年に、醸造試験所の高野《たかの》諄治《じゅんじ》が、送風式の製麴機《せいぎくき》を開発した。これが、日本酒づくり機械化への第一歩に位置づけられる発明であった。以降はすでにみたように、明治四一年、広島県西条《さいじょう》町の佐竹利市《りいち》が国内最初の竪型《たてがた》精米機を開発し、大正末期から昭和初期にかけて全国的に普及しはじめ、同じ昭和初期からは、ほうろうタンクや醸造冷凍設備も広がりはじめ、戦時の企業整備下では、精米、仕込み、製品化の酒造各工程で、相当に機械化のあったことが確認できた。

日本経済が復興期から高度経済成長期に移行するころから、従来の機械に改良を加え、かつ新しい機械の開発も多数あり、つぎのように日本酒づくりの機械化が急速に進展する。

昭和三〇年（一九五五）　連続式蒸米機《むしまいき》の開発

昭和三一年　自動製麴機の開発、昭和四〇年代に立体二室型製麴機の開発

昭和三一年ごろ　蒸米放冷機の開発

昭和三八年　自動圧濾圧搾機《あつろあつさくき》（籔田《やぶた》式、大倉式）の開発

昭和四〇年ごろ　酒母《しゅぼ》（酛《もと》）およびもろみ（醪）工程に、密閉式ステンレスタンクの導入、エポキシ樹脂ライニングタンクの二重タンクによる温度制御と大型化を実現、貯蔵酒タンクの兼用として密閉式角型発酵タンクの開発

酒質のまろやかな味と、さわやかな香りは、摂氏約一五度以下の低温で酵母を発酵させることが必要で、昭和四〇年ころの密閉式角型発酵タンクの開発と実用化により、季節による酒質の変動は、まったく失われることになった。

そして、完全冷房施設のもとで、連続式蒸米機と蒸米放冷機、密閉式ステンレスタンクあるいはエポキシ樹脂ライニングタンクあるいは密閉式角型発酵タンク、自動圧濾圧搾機、および蒸米空送機などを結合させて、酒造用原料処理の連続装置とし、年間とおして日本酒を造る四季醸造の近代的な工場ができ上がる（今安聡「酒づくりの歴史と機械化」）。

四季醸造の開始は、伏見酒造地が最も早く、昭和三七年に一社（『月桂冠三百六十年史』）、灘酒造地では翌三八年に二社が確認できる（森本孝男ほか編『転換期の日本酒メーカー』）。

灘酒造地の四季醸造一社の場合、一日あたりの製造能力は二〇〇石《こく》、年間三〇〇日の操業で試算すれば、六万石の日本酒が造れる計算となる。しかも、従業員は午前六時から午後三時までの完全八時間労働、全工程の稼働は従来の三分の一の人数で済み、酒造労働の条件面でも近代化を達成した（坂口謹一郎『日本の酒』）。

全国的な酒造の機械化

高度経済成長期に、灘や伏見の酒造地で四季醸造が実現し、日本酒づくりに機械化の進展がみられたが、全国的にも、高度経済成長期から安定経済成長期にかけて逐次、酒造の機械化が進展した。

日本長期信用銀行による酒造用設備の合理化資金貸付制度は、昭和四三年（一九六八）に始まるが、同年六月から四五年一二月にいたる二年半の実績は、契約額は二一億円（うち融資額一四億四〇〇〇万円）、利用した酒造家は七九九場、納入機器数は一三六二件にもなる。これらの利用実績からは、酒造機械化の全国的な進展の一端がうかがえよう（『日本醸界年鑑—昭和四七年度版—』）。

また、新潟酒造地でも酒造機械の導入がつぎのように進み、昭和六〇年代の県内大企業では、コンピュータ制御の酒造が実現した（伊賀光屋「出稼ぎから通勤へ」）。

昭和三〇年代〜　蒸米放冷機、麴切り返し機
昭和四〇年代後半〜　自動圧送装置、冷房装置、自動搾《しぼ》り機《き》、自動壜詰《びんづめ》機《き》
昭和五〇年代後半〜　自動蒸米機、自動製麴装置
昭和六〇年代　大手酒造家によるコンピュータ制御酒造機器の導入

表11の「昭和六二年度酒造設備の保有場割合」は、昭和六三年一月一日段階で、全国の酒造家二一一一場を対象に国税庁が実施した、酒造設備の保有に関する調査結果である。

日本酒の仕込みに絶対的に必要な設備は、この表にある製麴機器、蒸米用蒸気発生源、蒸米機、蒸米放冷機、もろみ圧搾機、火入れ機の六種であるが、これらの保有状況は、実に九八〜一〇〇%の範囲にある。一〇〇%に満たない部分は、共同製造・共同処理により

表11　昭和62年度酒造設備の保有場割合

2111場

区分	設備名	保有場割合(%)
精米	横型精米機	1.7
	竪型精米機	47.2
	白米調湿装置	7.9
仕込み	固形酵母製造装置	3.0
	米粒糖化液製造装置	7.6
	もろみ仕込み室冷却装置	19.8
	もろみ欠減防止機	25.5
	もろみ冷却装置	43.2
	浸漬タンク	47.8
	仕込み水浄化設備	48.7
	火入れ後急冷設備	60.1
	蒸米搬送機	80.5
	蒸米放冷機	98.1
	火入れ機	99.4
	製麹機器	99.9
	蒸米用蒸気発生源	100.0
	蒸米機	100.0
	もろみ圧搾機	100.0
製品化	紙パック詰機	15.0
	低温貯蔵室(庫)	44.7

(出典)　国税庁鑑定企画官室ほか「昭和62酒造年度清酒製造業者の設備・機械調査結果について」(その1)

ほかの酒造家に委託し、設備を保有していない酒造家があるからである。

いっぽうで、外部に委託しない自己保有が基本の製麹機器は九九・九%となる。これは、残りの〇・〇一%の部分に手造りの存在、つまり、麹づくりに杜氏技術を重視する酒造家があることを示す。しかし、手造りは一連の酒造工程でごく一部分の麹づくりに存在するだけであるから、安定経済成長期後半の昭和六〇年代には、全国の日本酒づくりはすでに機械造りに移行し終えた、といえよう。

なお、精米工程の割合が、竪型精米機でも五〇％に満たず低率なのは、精米を外部業者に委託する酒造家が存在し、製品化工程に壜詰の割合がないのは、調査外だからであろう。

酒造の機械化と杜氏従業員不足

酒造家が全国的に高度経済成長期から、四季醸造を導入したり、機械化を進めたりして日本酒づくりの省力化を図ったのには、この時期から、酒造労働者である杜氏従業員の確保が難しくなってきたことに主因がある。

機械化される前の酒造労働が、「始業終業の区別がなく、仕込み中はすべてが従業時間で、夜間熟睡できるのは三、四時間、欠勤率は外出の自由がないからきわめて低い」というような過酷さに満ちていたことは、すでに大正末年の灘酒造地で、丹波《たんば》杜氏の場合で確認した。この労働条件の過酷さが、高度経済成長のもとで、都市労働者の給源であり、酒造労働者の給源でもあった地方農村の若者をして、都市労働に向かわせた。そのため若年の酒造従業員の不足が顕著となり、さらに、これら杜氏の後継者が減少することにより、杜氏自身も高齢化し、減少するようになったのである（近藤康男編『酒造業の経済構造』）。

酒造家は、こうした杜氏従業員の不足に対処するため、酒造の機械化を進めるようになる。つまり、酒造の機械化と杜氏従業員の減少は相関の関係にあるわけで、それはつぎに明らかである。

（年代）	（杜氏従業員）	（酒造家）	（一場あたり）
昭和九年（一九三四）	六万三〇七八人	七三八〇場	八・五人
昭和四八年（一九七三）	一万九八一七人	三三三二場	五・九人
昭和五八年（一九八三）	一万二二八七人	二七五九場	四・四人

戦前の昭和九年には、全国の杜氏従業員はおよそ六万三〇〇〇人、一酒造家あたりでは八・五人もあったが、高度経済成長終期の昭和四八年は二万人弱、同じく五・九人に減少し、安定経済成長期後半の昭和五八年には、さらに一万二二〇〇人、同じく四・四人に減少している。酒造家は、一場あたり杜氏従業員の減少分は、機械化で補った計算となる（丹治幹雄『清酒製造業の現状と課題』など）。

季節労働から社員労働へ

そして長期デフレ期ともなると、つぎのように明治初期で確認したのと同様、杜氏を兼ねる酒造家、あるいは杜氏が酒造家の家族労働などに依存しながら酒造を行なう小経営が、みられるようになる。しかしこの場合、酒造家は中小企業経営者をさし、家族あるいは杜氏などは、経営者の会社員とみられる（「平成四酒造年度清酒製造業者設備・機械調査結果について」）。

酒造専従者については、今回の調査ではゼロと回答した製造場が七場あったが、いずれも製成見込数量が二〇kℓ未満の製造場であり、経営者などの家族およびパートなどで製造を行なっている製造場であると考えられる。また、酒造専従者が一人の製造場も二六場あった、そのうちの一場は液化仕込み装置を保有し約七〇〇klの製成見込みであったが、その他はほとんどが製成見込数量五〇kl未満の製造場であり、杜氏が一人と、あとは家族およびパートなどで製造を行なっているものと考えられる

いっぽう、四季醸造を行なう灘や伏見酒造地の大企業などでは、巨大な酒造装置を操作するために酒造技術者を雇用し、通年の醸造社員も雇用するようになった（『転換期の日本酒メーカー』）。

越後《えちご》杜氏は、昭和九年（一九三四）には一万人を超えていたが、安定経済成長期前半の昭和五一年には五〇八七人と半減し、この期の後半の昭和五九年には三一六〇人と、さらに減少した（『越後杜氏の足跡』）。

新潟県内の大企業では、こうした杜氏従業員の不足に対処し、三季醸造を採用して、酒造従業員の年間雇用制を実現させた（『久保田から越州へ　朝日酒造の目指すもの』）。

若年の酒造労働者不足をきっかけに、高度経済成長初期のころから始まった酒造機械化の進展は、酒造労働を季節労働から社員労働へ転換させたのである。

日本酒づくりの自由化時代

酒造家の復活と基本石数

アジア太平洋戦争後、ＧＨＱ（連合国軍最高司令官総司令部）の経済民主化政策により、さまざまな統制が解除されるようになると、戦時中の企業整備により転廃業をよぎなくされた酒造家のなかから、酒造業の復活を望む声が高まった。そのため、大蔵省では昭和二二年度（一九四七）から転廃業者の復活措置を講じ、二五年度までに一五九一場が復活した。これが第一次の復活であるが、復活に際し、酒造規模の基準としたのは、やはり各酒造家がもっていた基本石数《こくすう》である。

昭和二四年六月に、大蔵省主税局《しゅぜいきょく》では徴収部門を中心に独立させ、国税庁を発足させた。以降、国税庁が酒類行政の全権を握り、転廃業者に対する二四年度からの復活措置も、国税庁が主導することになった。

戦後復興期も後半に入り、食糧事情が回復して、原料米不足も解消されるようになると、第一次でかなわなかった転廃業者などが再び酒造業を望んだことから、昭和三〇年度には、第二次として二七〇場あまりの復活がみとめられた。

基本石数《こくすう》は、第二次復活でも基準となり、昭和四五年三月に酒造米の割当制度が廃止されるまで、割当数量の基準ともなった。さらに、制度廃止後に、四か年度の暫定措置として採用された生産自主規制でも、酒造米規制の基準石数となった。しかし、昭和四八年度に、その生産自主規制が計画どおり終了すると、基本石数は昭和一二年の採用以来の使命を終え、日本酒づくりは完全に自由化の時代を迎えた（『酒造組合中央会沿革史』第三編、第四編、第五編）。

酒造家大激減と〝吟醸酒づくり〟

終戦後の昭和二一年度（一九四六）から平成二四年度（二〇一二）までの酒造家数と、日本酒の出荷量の推移をみると、図23の「現代の酒造家数・日本酒の出荷量推移」のようになる。

すでに確認したように、企業整備実施後の昭和一九年度では酒造家は二五三二場であったが、昭和二一年度は二五四〇場で、大きな変化はみとめられない。しかし、第一次および第二次の復活を経て一気に急増し、昭和三三年度の四二〇一場が、現代では最高の酒造家数である。以降、東京オリンピックのあった昭和三九年度は三九三六場で、この時期までは緩慢な漸減であったが、翌四〇年度からは漸減率を高め、平成二四年度には、一八三五場にまで減少してしまう。三三年度の最高を起点にすると、五四か年で二三六六場減少し、平均では一か年に四三場の酒造家が酒造経営から離れていった。

昭和四〇年度からの減少期間にあっても、酒造家数が一か年平均の四三場と比べ大幅にマイナスとなったのは、つぎのふたつの時期である。

・第一期…昭和四三年度　八三場減、四四年度　一四七場減、四五年度　一〇一場減、
　四六年度　六三場減、四七年度　六二場減
・第二期…昭和五二年度　七二場減、五三年度　六一場減、五四年度　九二場減、
　五五年度　二〇二場減

第一期は高度経済成長期後半、第二期は安定経済成長期前半が相当し、二期あわせて八八三場もの酒造家大激減である。これは日本酒づくりの永続が揺るぎかねない、危機的状況の到来を告げる何ものでもない。

昭和四五年度の原料米割当による生産統制の撤廃、四八年度の生産自主規制の廃止により、日本酒は完全に生産自由の時代に移行した。しかし、生産自由化に移行目前の昭和四〇年代前半には、日本酒づくりはすでに過剰生産に加えて需要が減退する、二重苦に呻吟《しんぎん》するようになる。酒造家大激減の背景には、この日本酒づくりの二重苦が伏在していた

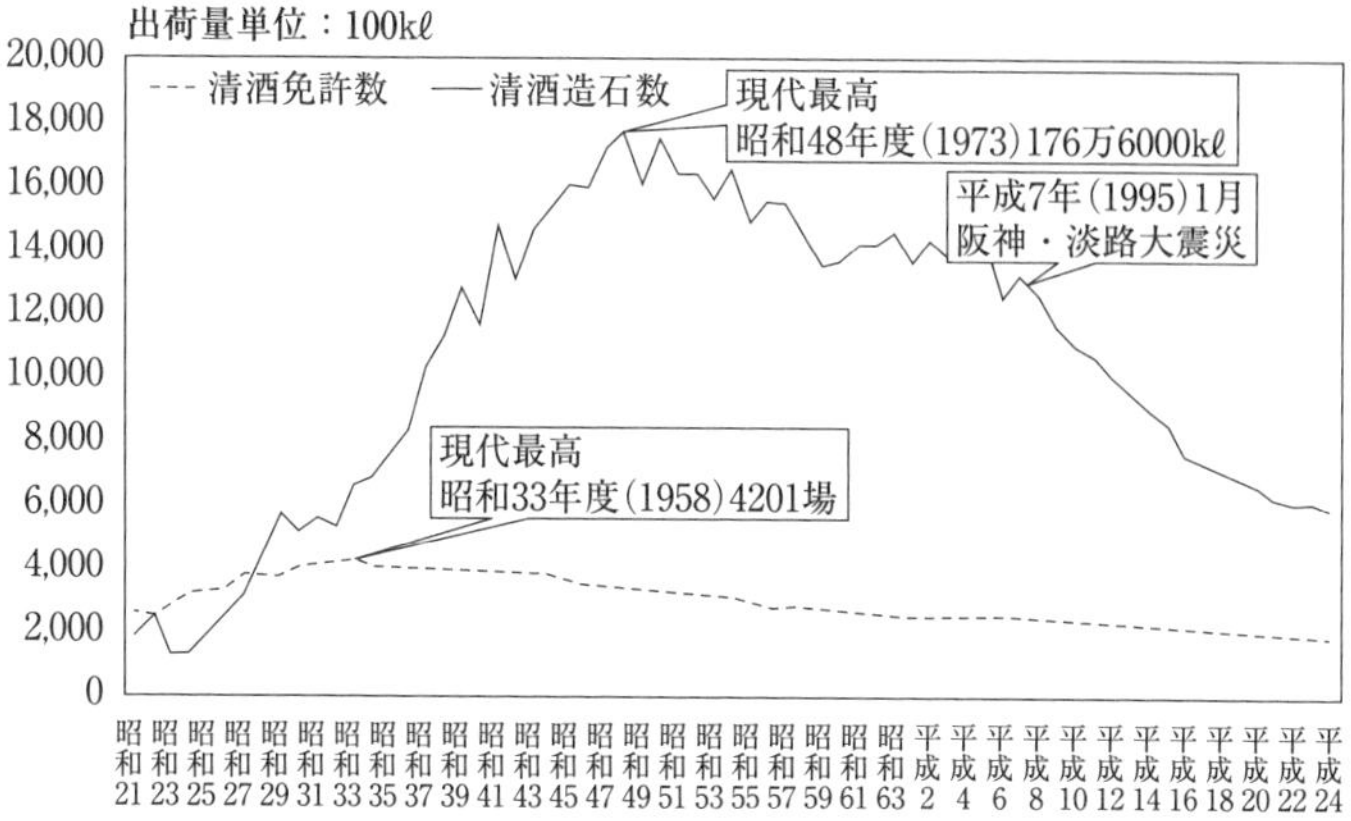

図23　現代の酒造家数・日本酒の出荷量推移
（出典）『国税庁統計年報書』各回

（『酒造組合中央会沿革史』第五編）。

すでにみたように、平成二年度からの特定名称酒制度の導入は、高度経済成長期後半の昭和四〇年代半ばから、級別制度が有利に働く灘酒《なだざけ》や伏見酒に抗し、新潟酒造地など各地に巻き起こった、〝吟醸酒づくり〟に由来した。だが、その由来の起因こそ、この時期から顕著となった、酒造家大激減という日本酒づくりの永続が揺るぎかねない危機的状況に対処し、地域の酒造家が日本酒の需要喚起をうながすために挑んだ新しい高級酒の開発努力にあった、と考えられるのである。

〝日本酒離れ〟　戦中の昭和一五年（一九四〇）から、日本酒への課税は庫出《くらだし》課税《かぜい》であり、課税標準は出荷量であるが、ここでは生産量とかわりないものとみなして考える。

租税の各種につき年度ごとの異動数値などを載せる『国税庁統計年報書』では、昭和三四年度から、日本酒など容量の表示は、「石《こく》」から「kℓ」に切りかえる。一石は一升ビン一〇〇本で〇・一八kℓに換算する。また、一酒造年度の前年一〇月から当年九月までの年度区切りは、昭和四〇酒造年度より、前年七月から当年六月までと切りかわる。

さて、前掲図23にあるように、現代で出荷量の最少だったのは、昭和二三年度の約一二万六〇〇〇kℓで、これは七〇万石に換算される。江戸時代の元禄一一年（一六九八）が九二万石だから、それよりも二〇万石以上も少ない。近代の最少は、西南戦争《せいなんせんそう》直前の明治九年度（一八七六）で、それでも二五〇万石もあったから、これと比べ実に一八〇万石も少ない。これらから、戦後の日本酒不足がいかに深刻であったかが想像できよう。

近代七〇年あまりのあいだで生産量が最も多かったのは、第一次世界大戦後の大正八年度（一九一九）で一〇五万八〇〇〇kℓ、これは五八七万七〇〇〇石に換算される。以降、昭和の戦時統制期まで連続的な経済不況のために、日本酒づくりが過剰生産と酒造家の減少に苦しんだことは、もはや再説するまでもないであろう。

現代で近代の最高水準を上まわるようになるのは、昭和三八年度からで、同年度は一一二万六〇〇〇kℓ、六二五万七〇〇〇石となる。やはり、この時期から日本酒は過剰生産の時代に突入した。現代の最高出荷量は、それから一〇年後、オイルショックによって高度経済成長期が終わる昭和四八年度の一七六万六〇〇〇kℓである。同時に、日本酒の過剰生産もピークに達し、酒造家の減少にも歯止めが利かなくなる。

昭和四八年度に現代最高を記録した以降は、増減を数回繰り返しながら次第に漸減し、安定経済成長期後半の五九年度では一三四万四〇〇〇kℓ、翌六〇年度もほぼ同水準で一三五万五〇〇〇kℓに縮小する。昭和四八年度の最高出荷量から四一万kℓ以上も減少したわけで、安定経済成長期後半のこの縮小のころから、〝洋酒ブーム〟に続き、大きく台頭した〝焼酎ブーム〟の影響をまともに受けて、日本酒の消費減退をさす〝日本酒離れ〟が、それまでにもあった大きな声から、さらに声高にいわれるようになる。

そして、その後再び増減を繰り返して漸減したが、平成七年度（一九九五）の一三一万kℓからは急減し、平成二四年度の五八万kℓまで、一七か年で七三万kℓも減らした。これは、一か年平均で四万三〇〇〇kℓずつも減少した計算となる。平成二四年度の五八万kℓは、一二〇年前の明治二四年の五九万四〇〇〇kℓ、三三〇万石の水準が相当する。

平成七年一月の阪神・淡路大震災では、灘酒造地も壊滅的な被害を受け、大構えの土蔵造りの酒蔵は回復不可能となった。跡地では、近代的工場への再建が続くいっぽうで、転廃業や酒造地から離れていく酒造家も相当数となった（『転換期の日本酒メーカー』）。

表12　現代の日本酒出荷量上位５位ランキング（単位：kℓ）

昭和25年（1950）		（最初の異動年度）	平成24年（2012）	
全　国	19万		全　国	58万
①兵　庫	2万6000（13.7%）	⇒	①兵　庫	16万7000（28.8%）
②京　都	1万（5.3%）	⇒	②京　都	9万9900（17.2%）
③福　岡	9000（4.7%）	（昭和41年度⇓）	③新　潟	4万3300（7.5%）
④北海道	8800（4.6%）	（昭和39年度⇓）	④埼　玉	2万6900（4.6%）
⑤広　島	7000（3.7%）	（平成10年度⇓）	⑤秋　田	2万1600（3.7%）
⑦新　潟	5900	（昭和60年度↑）	⑨広　島	1万2500
⑩秋　田	4900	（昭和39年度↑）	⑯福　岡	6600
⑫埼　玉	4400	（平成18年度↑）	⑲北海道	5900

（出典）　国税庁『国税庁統計年報書』各回および国税庁ホームページ

阪神・淡路大震災は、〝日本酒離れ〟に拍車がかかる転換点となった。

ナショナル・ブランドの出現

地方別の日本酒の出荷量は、昭和二五年度（一九五〇）から明らかにできる。もっとも二九年度から三七年度の九か年分については、『国税庁統計年報書』にも記載はない。昭和二五年度からの地方別出荷量を整理した、表12の「現代の日本酒出荷量上位五位ランキング」を手がかりにして、昭和戦後から平成二四年度（二〇一二）まで七〇年近くにわたる、酒造業の地域的な動向を追ってみたい。

昭和二五年度の段階で、第一位の兵庫と第二位の京都の地位は、平成二四年度でも不動で、その高位は現代七〇年近くのあいだ、一度の揺るぎもない。しかもシェア率は、兵庫が昭和二五年度の一三・七%から、平成二四年度は二八・八%と二倍以上に拡大した。京都にいたっては、昭和二五年度の下位とあまり差異のない五・三%から、以降は急成長を示し、平成二四年度には一七・二%と三倍以上にもなった。京都酒は、近代でも急伸張したが、現代の急伸張ぶりのほうがより大きいといえる。

平成二四年度の場合、兵庫と京都をあわせれば四六%ものシェア率となり、実に全国に出まわる日本酒の半数近くが、この二府県からの出荷でしめられる。そして、兵庫の大部分は灘酒、京都の大部分は伏見酒がしめ、灘酒や伏見酒のなかでもさらに高位をしめるのは、四季醸造により日本酒の大量生産を実現させた大企業である。灘酒の大企業では、阪神・淡路大震災で土蔵造り酒蔵は壊滅したが、四季醸造の酒造装置などに影響は感じられない。世評では、これら四季醸造の大企業および大企業が造る日本酒を高く評価して、ナショナル・ブランドと位置づけた（『日本の酒づくり』）。

日本酒造地の反転

昭和二五年度（一九五〇）に第三位であった福岡は、四一年度に上位五位ランクから外れてしまう。第四位の北海道はそれよりも早く昭和三九年度にいったん外れ、四一年度に復帰したものの、四四年度から外れた。福岡と北海道は、その後大きく後退した。第五位の広島は、長く上位五位ランク内を保ったが、平成一〇年度（一九九八）から外れていった。

かわって、昭和二五年度には第一〇位であった秋田が、三九年度には上位五位ランク入りし常在化した。もっとも秋田は、平成一九、二〇年度にいったん第六位に外れている。昭和二五年度に第七位の新潟は、六〇年度に福島にかわって上位五位ランク入りして常在化し、六三年度からは第三位を堅持する。同じく二五年度では第一二位と下位にあった埼玉は、平成一八年度に愛知にかわり上位五位ランク入りし、二一年度にいったん外れるものの、すぐ二二年度には復帰して常在化している。

これら上位五位ランクにみられる地方の交代は、基本的には、酒造家の減少度合いの差異に起因する、と考える。地方別の「免許者数」は、昭和二八年度から三四年度までの七か年分は『国税庁統計年報書』に記載がなく、中断しており、現代最高の四二〇一場を示した昭和三三年度は不明である。そのため、中断明け後最初に判明する昭和三五年度を起点にして、平成二四年度の各上位府県の酒造家につき、この間五〇年あまりの減少率を求めると、つぎのようになる。

（ランク）		（昭和三五年度）	（平成二四年度）	（減少率％）
	（全国）	四〇二七場	一八三五場	五四・四（平均）
外	福岡	一六六場	七三場	五六・〇

外	北海道	五五場	一七場	六九・〇
外	広島	一八一場	六五場	六四・〇
入	新潟	一四一場	九八場	三〇・四
入	埼玉	七七場	三七場	五一・九
入	秋田	八一場	四三場	四六・九

上位五位ランク外に後退した福岡・北海道・広島が、いずれも全国平均を上まわる減少率なのに対し、逆に上位五位ランク入りした新潟・埼玉・秋田は、いずれも全国平均を下まわっていることが明白である。

とくに新潟は減少の割合が最も低く、平成二四年度の酒造家九八場は兵庫と並び、国内最多である。平成二年度の特定名称酒制度の導入後も、〝吟醸酒づくり〟で筆頭の位置に立ち、昭和六〇年度に上位五位ランク入りして常在化を果たし、その後、昭和六三年度から、ナショナル・ブランドに抗して、常に第三位の位置を堅持している新潟酒で、このような高位を盛り上げる主体は、新潟酒造地で江戸時代から明治時代に創業し、長く日本酒づくりに従事するこれら酒造家たちである、といえよう。

ところで、平成二四年度に出荷量上位五位ランクの地方が、ナショナル・ブランドのある兵庫と京都を別格にすると、ほかの新潟と埼玉、秋田が東日本に属すことに気づく。それ以前、明治のはじめから近代七〇年あまりのあいだに、有力な酒造地のある地方には、兵庫の別格的な高位と、愛知や長野、新潟などが属する東日本から、福岡や京都、広島、岡山などが属す西日本へ、大きく変転したことがすでに確認されている。

すなわち、最有力な酒造地のある兵庫と京都を別格にして、有力な日本酒造地は、近代はじめから現代にかけての一五〇年ほどのあいだに、近代でいったん東日本から西日本に大きく変転したが、現代で再び東日本へ大きく反転したのである。

〝日本酒で乾杯〟――エピローグ

酒質に注目して日本酒づくりの歴史をみてみよう。日本酒づくりの原点といわれる南都《なんと》諸白《もろはく》は、戦国時代後期の永禄《えいろく》年間（一五五八～七〇）に、奈良酒造地の正暦寺《しょうりゃくじ》が創製した諸白に由来し、酒質はごく甘かった。

伊丹《いたみ》諸白は、江戸時代前期の元禄《げんろく》年間（一六八八～一七〇四）に、下り酒《くだりざけ》の有力な積出《つみだし》酒造業として知られる上方酒造地の伊丹に成立し、寒造り《かんづくり》完成の第一歩と位置づけられるが、酒質はまったりとし、甘味も濃かった。

江戸時代末期の嘉永《かえい》元年（一八四八）に、灘酒《なださけ》で量産化が達成され、寒造り三段仕込みが完成したが、酒質はすっきりとした清澄感にあふれていた。現在につながる日本酒のすっきり感は、正暦寺の諸白創製からおよそ三〇〇年にして、灘酒造地に成立したのである。

灘の寒造りは、高級酒づくりも目途《もくと》とした。灘の高級酒の特色は、熟成の効いた香味と旨味の上質さにある。熟成させるためには、春にでき上がった新酒は長期にわたり貯蔵し、腐造《ふぞう》の起こりやすい暑い夏を凌《しの》がなければならない。灘酒造家の千石蔵《せんごくぐら》が大構《おおがま》えの土蔵造《どぞうづく》りのわけは、量産化に加え、夏でも涼しい構造とし、酒造桶《おけ》は夏囲《なつがこ》いし、暑さを凌ぎ、熟成をすすめて、香味と旨味をより一層高め、灘酒を上質にするための工夫であった。

灘の高級酒にみられる上質さの要因については、この土蔵造りのほかに、十水《とみず》にまで高めた丹波杜氏《たんばとうじ》の酒造技術力、および精米水車の高い研磨力に加えて、天保《てんぽう》一一年（一八四〇）に発見された宮水《みやみず》が大きくかかわる。宮水がもつ名水特性こそ、高級酒の上質さを長期に保ち、熟成度を増す決定打であった。宮水の発見をきっかけとして、灘の寒造りは完成し、灘は日本酒の生産において質量ともに突出した酒造地となった。さらに、明治維新後には宮水湧出《ゆうしゅっち》地の周辺に大規模な酒造家が多数進出し、明治一九年、西宮郷《にしのみやごう》を包み込んで近代の灘酒造地が形成されたのである。

米と麹《こうじ》と水で造る日本酒の酒質は、醸造水の名水性に大きく依存する。福岡の城島《じょうじま》酒造地が明治一九年に「軟水醸造法」を開発したのは、地元の水による灘流酒造法試造の失敗後であり、広島の西条《さいじょう》酒造地で三浦仙三郎《みうらせんざぶろう》が、明治三一年に「軟水醸造法」の創出に成功したのも、灘酒造地の視察を何度も繰り返し、地元の水による試造後であった。これ

図24　伏見の名水　さかみず（月桂冠）

図25　西条の名水　天保井水（西條鶴）

らは、灘酒が用いる宮水の名水特性が反証できる好例である。

日本酒への課税は、アジア太平洋戦争中に、量的課税から酒質課税へガラリとかわる。この転換理由は、灘の高級酒づくりを中心に、つぎのように考えることができる。

東京酒問屋では、江戸時代以来、灘酒造地など積出酒造家の委託を受け、下り酒の東京市場の販売を独占した。灘の酒造家は、寒造りで熟成の効いた高級酒は、年間で一番需要の望める正月の前後に集中的に出荷し、東京酒問屋では、これらを含め年間の委託酒販売代金は「新古酒売捌き区分の時期《しんこしゅうりさば》」の、二月・三月に決済する商い習慣であった。酒造家による帝国議会への請願を受け、明治三一年に定着する造石課税《ぞうこくかぜい》の四期分納制は、納税者である酒造家の造酒全量への課税を原則とし、納税資金が一番豊富となる二月・三月に、納税分納の三期・四期が重なり、納税前の納税資金の運用なども可能で、灘の酒造家には有利に働き、寒造りに適合的な税制であった。

明治後期から普及する山廃《やまはい》もと（山卸し廃止酛《もと》）、速醸もと、酸馴養連醸法《さんじゅんようれんじょうほう》などはもちろん、やはり明治後期から普及する一升ビン、関東大震災後の酒樽《さかだる》や桶など原材料高騰のため、大正末期から昭和初期を起点に普及する酒造用のほうろうタンク、あるいは冷凍設備、竪型《たてがた》精米機なども、科学的な日本酒づくりの主役であり、脇役である。科学的な日本酒づくりが進展することで、江戸時代以来の酒造桶などを駆使し、杜氏のカンが重視される手造りが後退しはじめ、税源の枯渇といわれた腐造問題は消滅、酒造家の酒造経営は安全度が増し、酒質の保全度も増すことになる。

東京酒問屋では、下り酒の販売は、酒質保全には劣る酒樽の取引に拘泥《こうでい》した。しかし、明治後期から、灘などの酒造家が酒質保全に優れる壜詰《びんづめ》を販売戦略の中核に、東京市場に進出すると、東京酒問屋による下り酒の独占的販売は後退しはじめ、関東大震災で経営帳簿などが焼失する打撃と酒樽不足などにより、さらに後退度が増し、アジア太平洋戦争中の酒類統制期には、下り酒は遂に消滅してしまう。ここに、四期分納制の造石課税という灘の酒造家に有利に働き、寒造りに適合的な税制の必要性も後退していった。

昭和一五年（一九四〇）には酒税法の大改正が実施され、酒税には庫出課税《くらだしかぜい》を採用した。庫出課税は、酒造家の酒蔵から出荷される時点の日本酒量が課税標準であり、酒税は出荷の翌月に納税するわけで、酒造家の経営大小にかかわりなく、課税の公平が確保できる税制である。

戦局が大きく暗転した昭和一八年四月、戦時増税の一環として、その庫出課税には高級酒から大衆酒まで、酒質に応じて課税する級別制度を導入し、従来の造石課税による四期分納制は廃止することになった。ここに日本酒への課税は、量的な課税重視から酒質の課税重視へ大きく転換したのである。

級別制度は、自醸の酒を高級酒で売るか、大衆酒で売るかの選択を、酒造家自身の経営判断にゆだねる制度であったから、戦後の高級酒市場では、知名度の高い灘や伏見の高級酒が特級・一級の大部をしめ、地域酒造家のそれは、多くが二級の大衆酒に甘んじる状態が長く続いた。級別制度という酒質課税は、戦前の四期分納制の造石課税と同様、灘の酒造家に有利に働く制度だったのである。

日本酒の代表的な高級酒の吟醸酒は、最初は明治四二年に、広島の西条酒造地に発祥したと推断される。昭和五、六年ごろには、竪型精米機などの普及により、ふつうに吟醸酒の生産が可能となり、地域酒造家を中心に市販がみられるようになった。しかし、戦中から戦後しばらくのあいだ、吟醸酒は日本酒市場から消える。

日本酒は、昭和四五年の原料米割りあてによる生産統制の解除目前のころから、生産過剰と酒造家の大激減に苦しむようになり、需要の減退である〝日本酒離れ〟の前兆をみとめるようになる。ときを同じくして、灘や伏見の高級酒に有利に働く級別制度に抗し、〝吟醸酒づくり〟に従事する酒造家が、各地に続々とあらわれるようになった。

この〝吟醸酒づくり〟は日本酒の需要減退に対処し、地域酒造家による需要喚起をうながす新しい高級酒開発と考えられるが、地域酒造家による〝吟醸酒づくり〟の進展は、やがて特定名称酒市場に結実し、平成二年度（一九九〇）には、酒質課税は級別制度から特定名称酒制度に切りかわることが決定した。

そして、導入後の特定名称酒市場では、新潟酒を筆頭に、地域酒造家の高級酒が上位をしめ、灘の高級酒は劣位に沈む構造が明瞭にみとめられるようになる。これは、特定名称酒制度が地域酒造家に有利に働いている明証であり、天保一一年の宮水発見からおよそ一五〇年、明治四二年の吟醸酒の発祥から八〇年、戦時中の昭和一八年に、造酒の全量課税を原則とする四期分納制の造石課税より、酒質課税に大転換後五〇年にして、高級酒需要の大勢は灘酒から地酒に変転したのである。

さて、日本酒などの酒造家が加盟する日本酒造組合中央会が、毎年一〇月一日を〝日本酒の日〟と定め、日本酒の認知度を高める記念日としたのは、昭和五三年のことである。〝日本酒の日〟制定には、高度経済成長期の後半から続く酒造家の激減、および〝洋酒ブーム〟などに対処し、日本酒の需要喚起をうながす狙いがあったにちがいない。

一〇月一日を選定したわけは、昭和三九年度まで用いた旧酒造年度の、初日だったからであろう。機械化される前の寒造りでは、このころから出稼ぎの杜氏集団により、酒造道具の桶洗いなど、日本酒づくりの準備が始まった。

〝日本酒の日〟制定に際し、同日のイベントや、その他各地でさまざまに開催される日本酒のキャンペーンに用いるアピール語として採用したのが、〝日本酒で乾杯〟である

（『日本酒造組合中央会沿革史』第五編）。

坂口謹一郎が、名著『日本の酒』のなかで、「すぐれた酒を持つ国民は進んだ文化の持主である」として、日本酒がもつ味、香り、色沢《しきたく》などにかかわる言語につき、その文化的、芸術的な特質を歴史的に読み解き、世評に問うたのは、高度経済成長下の昭和三九年のことであった。名著が日本酒の文明史観を説いた根底には、アジア太平洋戦争後に、洋酒の消費伸張に反して、日本酒の消費は減退気味となり、「一時は斜陽産業のうちに数えられる」ようにまでなった日本酒づくりに比例するかのように、日本酒のもついわば酒文化も衰退するのではないか、という危機感が内包されていた。

日本酒は日本に特有な文化と説く文明史観と、日本酒がもつ文化的価値の衰退という危機感を共有したのであろう。日本酒造組合中央会が「日本酒で乾杯する習慣の推進」をとおして、日本酒のもつ文化的価値を守り、かつ文化的価値の国内外への発信につなげるため、その文化事業の推進組織として「日本酒で乾杯推進会議」を立ち上げたのは、平成一六年六月のことである（日本酒で乾杯推進会議ホームページ）。

日本酒造組合中央会が、「日本酒で乾杯推進会議」を立ち上げた背景には、平成二年度に酒造技術の進歩と地域酒造家の高級酒開発努力などにより、特定名称酒制度を実現させながらも、年平均四三場のテンポですすむ酒造家の減少と、平成七年の阪神・淡路大震災を転換点として、以来、年ごとに加速する日本酒の消費低迷という、以前とは比較にならないほど深刻な〝日本酒離れ〟が伏在していた。

いっぽうで、「日本酒で乾杯推進会議」では、日本酒好きな著名人や愛飲家など多数の会員を募るいっぽうで、実動部員ともなる「一〇〇人委員会」を組織し、かつ毎年一〇月一日の〝日本酒の日〟にあわせて、総会や日本酒の文化にかかわるフォーラムを開くなど、日本酒で乾杯の習慣を広めるため、各種の文化運動を展開した（山本祥一朗『日本酒党の視点』『日本酒で乾杯』）。

平成二三年三月一一日の東日本大震災は、東北・関東の酒造地も直撃した。被災した酒造家の復興への努力が懸命に重ねられるが、福島第一原発爆発事故による風評被害が大きく影響したのであろうか、二四年度には、福島・茨城・栃木あわせて五場が酒造経営から離れていった。

平成二五年一月、ナショナル・ブランドをもつ京都市が、京都市の伝統産業である日本酒による乾杯の習慣を広めることにより、日本酒の普及をとおし、日本文化への理解促進に寄与することを目的に、「京都市清酒の普及の促進に関する条例」を制定した。以降、つぎのように酒造地などをもつ自治体が、日本酒による乾杯条例や地元産の酒器などによる乾杯条例、宣言などを制定し、施行するようになったことが、各自治体のホームページなどにより確認できる。

平成二五年
一月　京都市
三月　佐賀県鹿島市
六月　兵庫県加東市、京都府与謝野町、福島県南会津町、兵庫県三木市、石川県白山市（白山菊酒など）、佐賀県
七月　広島県東広島市
九月　長崎県波佐見町（波佐見焼の器）、兵庫県新温泉町
広島県三次《みよし》市、愛知県常滑市（常滑焼の器）、埼玉県秩父市、千葉県神崎町、岡山県真庭市
一〇月　兵庫県姫路市、兵庫県西宮市、兵庫県伊丹市、和歌山県海南市
山口県（宣言）、徳島県三好市
一一月　兵庫県明石市
一二月　三重県伊賀市、茨城県笠間市、兵庫県篠山市、奈良県奈良市
鳥取県邑南《おうなん》町、鳥取県津和野町、佐賀県有田町（有田焼の酒器）

平成二六年
一月　栃木県
二月　秋田県大館市（秋田杉の器）、秋田県美郷町、山形県山形市

三月　北海道増毛町、茨城県水戸市、茨城県石岡市

乾杯条例などは、もちろん罰則規定などはもたないが、乾杯の習慣を広めて地元の日本酒や酒器などの利用促進を図り、日本酒の文化的な価値理解の一助にする目的がある。だが底意には、消費の低迷が長く続く地元の日本酒、あるいは日本酒を飲むときに用いる酒器などの需要を喚起し、地域経済を活性化させる目的が伏在している。「日本酒で乾杯推進会議」の活動が、ひとつ結実したといえようか。

各自治体による日本酒による乾杯条例などの制定は、平成二六年に入っても続いている。それほど〝日本酒離れ〟が急テンポで進行している証拠であるが、いっぽうで「地元の日本酒」、つまり地酒づくりの酒造家が広く各酒造地に展開している証拠でもある。彼ら酒造家の多くは、創業一〇〇年以上の酒造歴をもつ長寿経営者であるから、日本酒を文化として主体的に担ってきたのも、彼ら酒造家にちがいない。

すでに幕末・維新のところで確認した、灘酒造地にわずかな巨大酒造家が集中して突出的に存在し、地方の酒造地に小規模な酒造家が広範に展開する国内の酒造業構造は、一五〇年ほどを経て、日本酒づくりの機械化が急速に進んだ現在にいたっても、その構造自体に大きなかわりはない。いやむしろ、灘酒造地は伏見酒造地とともに、ナショナル・ブランドを有してますます巨大化し、突出しているが、小規模の酒造家が広汎に展開する地方

では、地酒づくりを担う地域酒造家の転廃が連続し、幕末・維新のころの二万七〇〇〇場から一八三五場にまで、実に九三％減にも縮小しており、地方酒造地の規模は、近年ではますます縮小のテンポを加速させているようにみえる。

ここは、彼ら酒造家の永続的な日本酒づくりのためにも、また、日本酒を日本の伝統文化として長く継承するためにも、一日も早い〝日本酒離れ〟からの離脱が望まれてならない。すなわち、〝日本酒で乾杯〟は、彼ら酒造家に贈る応援歌だ。

あとがき

ここに、昭和初期の廉価日本酒に関する酒質調査の報告書がある（「市販廉価清酒ニ就テ」東京市役所『第九回　東京市衛生試験所報告学術報告（昭和七年分）』）。報告書からは、昭和七年（一九三二）の市域拡張により、巨大都市に発展する東京市内中心部の廉価酒に関し、面白い調査結果が得られるので概要を紹介したい。

報告書ではまず、「昭和恐慌《しょうわきょうこう》の大不況により、市井《しせい》に販売される清酒には、はなはだ廉価《れんか》で品質粗悪なものがあるからその酒質究明を」という、試験調査の動機に触れる。

試験調査の対象としたのは、東京市旧一五区と隣接地域の八三か所の居酒屋や酒場で販売される日本酒である。調査時期は昭和六年五月から六月にかけてで、各店から六合ずつを購入、各酒に対しては、外観（色、溷濁《こんだく》、沈殿物、異物）、比重、酒精《しゅせい》（アルコール）、総酸《そうさん》、アルデヒド、フーゼル油、主なる防腐剤（サリチール酸、フォルマリン）、メチルアルコール、人工甘味料（サッカリン）と、九項目の試験を実施し、各店とも項目ごとにその成績を記す。
購入酒は、一升あたりの値段に換算されているが、最高は一円八〇銭（一店）、最低は六五銭（一店）で、一円が最も多く三一店、ついで一円五〇銭二一店、一円二〇銭一五店と続き、八三店では平均一円二一銭となる。「飛切極上《とびきりごくじょう》」は酒質の最高等級」でみた、昭和一三年（一九三八）の量り売り協定販売価格表では、並物《なみもの》が一円八〇銭、次物《つぎもの》が一円五〇銭、下物《げもの》が一円三〇銭だから、七年の時間差はあるが、これらの等級を参照すると、購入酒の価格帯は最低等級の下物よりさらに低価のものが一番多く、ついで次物一円五〇銭が続くが、購入酒平均の一円二一銭は、下物に相当する価格といえよう。
主な試験の結果はつぎのようにあり、総体的には衛生上の危害は少ないとされる。
（総酸とアルデヒド）　分量が少ないのは希釈により減ぜられたから
（防腐剤のサリチール酸とフォルマリン）　これも分量が少ないのは希釈のためで、フォルマリンの存在理由は容器の消毒に用いたものの残滓《ざんし》であろうと推定
（メチルアルコール）　人体に有害のため監督官庁の取り締まりが厳しいから、使用は確認できない
（サッカリン）　これも取り締まりが行き届いているため、使用はごく少ない
しかし、一般的にと断りながら、廉価酒は溷濁または沈殿物を有し、その大部分には微

量ないし少量の砂、塵、泥などの異物が混在し、なかには羽虫《はむし》、クモ、蛆《うじ》などの混じるものがあると指摘する。その理由は、長時間の貯蔵、放置により、酒が多少変化溷濁し、沈殿物を生じたものであり、また容器に覆《おお》い蓋《ぶた》がないか、あるいは覆い蓋はあるものの不完全なものを施したために、異物が混入したのではないか、と推定している。

比重は一般に大きく、酒精の含有量は一般に少ない。酒精含有量はふつう一五％から一九％のあいだにあるが、廉価酒のなかには四％とはなはだ低いものがあり、また一五％以下のものが四四店と半数以上もしめ、これは水を加えて希釈したためである、と断定している。報告書では、廉価酒の仕入れ先などにまで言及していないから、この加水が地域酒造家、酒類卸商、小売商、居酒屋など、どの段階で行なわれるのかは不明である。

これらから、昭和恐慌期の東京市内の廉価酒は、価格は最低等級の下物相当で、酒質は、サッカリンの添加がごく稀にあり、貯蔵容器の不備などのために、一般的には溷濁または砂、塵、泥などの沈殿物が生じ、また加水が行なわれるため、アルコール分などがうすい〝金魚酒〟と呼ばれる水酒《みずざけ》の過半なことが明瞭である。

昭和一四年一〇月ごろからの水酒問題は、原料米による生産統制の導入をきっかけに、酒造家の加水が明らかとなり、一気に表面化し、本格的な公定価格制度の導入に結果するが、それ以前、廉価酒の現場ではすでに、〝金魚酒〟が日常的だったとみられる。

報告書では最後に、東京の廉価酒は無害ではなく、不潔不衛生な器具、あるいは場所にて多量に飲酒する場合には、その害や思うべしと警告する。だが、いっぽうで、

多数ノ労働者ノ如《ごと》キ、これらヲ以テ唯一ノ慰安《いあん》ト為ス者ニ取リテハ、重要ナル要求ヲ充《み》タスモノト謂《い》フベク、社会ノ現状ヨリ観テ、これらノ飲用ヲ厳ニ禁ズル事ハ、大ナル社会問題トモナリ得ベシ

とし、廉価酒飲用の厳禁にも反対の警告を発する。

昭和恐慌は、大都市の労働者も直撃し、失業などの社会不安、経済的な困窮度が増すなどの生活不安を常に突きつけた。安酒を手に入れるしか余裕のない多くの労働者には、廉価酒の飲用は、さまざまな不安から一時的にでも逃れたい要求を満たす「唯一ノ慰安」であった。酒質は粗悪でも、労働者から廉価酒を取り上げることは、社会問題にも発展しかねないとして、報告書は廉価酒飲用の厳禁に反対したのである。

大正時代後半から昭和恐慌を経て、昭和一二年（一九三七）の日中戦争ころまで、日本酒は、過剰生産と酒造家の経営不振に苦しみ、売れなかった。しかし、報告書は、大都市では廉価酒が酒質の粗悪にもかかわらずよく売れ、売れた要因は、多数の労働者が求める「唯一ノ慰安」にあった、と伝える。

日本酒が売れなかった大正時代後半から日中戦争ころでも、廉価酒は都市の労働者によ

く売れたというこの事例は、日本酒づくりの歴史を明らかにする際には、酒質や税制、経済、科学などからのアプローチに加えて、飲用する人間社会からのアプローチも必要で、そのことにより、日本酒づくりの歴史のもつ多面性がより明らかにできるのではないか、と知らせているようにわたくしには思えてならない。

わたくしに対し、職場（国税庁税務大学校税務情報センター租税史料室）を去る一年半ほど前、日本酒を最重要なテーマにして、近代史の特質に迫る論考が提示できないかとの打診があり、予備的な調査に着手した。そして、職場を去るころには、わたくしにとっても年来の研究テーマのひとつでもあったことから、近代史に限らないことを条件に承諾を伝えた。

ところが、一昨年春の退職後間もなくして長年の蓄積された心労から、大病を発症してしまう。五体不満足の危機は何とか脱することができたが、その後も断続的に体調の不良が続いたところから、調査などはしばしば中断をよぎなくされた。それでも、全体の構想が固まりだして、ようやく執筆の意欲を感じはじめたのは、寒気が急に増した晩秋から初冬にかけてのころである。

そして、「地域の酒造家たちにみる日本酒づくり五〇〇年の歴史」の分析視点に立ち、中世、近世から、とくに近代、現代に重点をおき、寒造り・手造りから科学的・機械造りへの大変転、寒造りに適合的な量的課税の重視から、酒質を重視する課税への転換などに言及しつつ、日本酒造地の形成と展開について、書き上げてみた。つたないながらも、地域の酒造家たちに視点をあて、日本酒づくりの歴史を明らかにしたいとする本書が〝日本酒で乾杯〟と同様、地域酒造家に贈る応援歌とならんことを祈りたい。

最後に、この上梓の機会を設けてくださったのは、吉川弘文館の斎藤信子氏である。また、紙面作りで大変お世話になったのは、やはり同社の板橋奈緒子氏である。ここに、記して感謝申し上げたい。

二〇一五年二月

鈴木芳行

参考文献

秋山裕一「明治中期の肥田・高峰・高山三人の心温まる人間関係と醸造試験所の設立」(『酒史研究』第二六号)
秋山裕一『日本酒』岩波新書、一九九四年
朝日酒造株式会社『久保田から越州へ―朝日酒造の目指すもの―』同社、二〇〇三年
伊賀光屋「出稼ぎから通勤へ―新潟県越路町の酒造出稼ぎの変化―」(『日本労働社会学会年報』第一四号)
池田市史編纂委員会『新修　池田市史』第三巻、近代編、二〇〇九年
石川健次郎「伏見酒造業の発展」(『社会経済史学』第五五巻第二号)
石田為武筆録『英国ドクトル・ドレッセル同行報告書』一八七七年
市川小吉『帝国実業名宝　酒類・醤油の部』商進社、一九一九年
伊藤豊松『会津酒造史』会津若松酒造組合、一九八六年
伊藤(佐藤)亮司「流通再編下における酒造業の展開に関する実証的研究」(『北海道大学大学院農学研究科邦文紀要』第二三巻第三号)
内薗惟幾「税務署発足前の酒役人―新潟県塩沢町「酒造御用記」から―」(『日本醸造協会誌』第七六巻第二号)

今安　聡「酒づくりの歴史と機械化」（『化学工学』第四二巻第二号）
江田鎌治郎『酸類馴養最新清酒連醸法』明文堂、一九一三年
大蔵省『明治大正財政史』第六巻（復刊）経済往来社、一九五七年
大蔵省百年史編集室編『大蔵省百年史』大蔵財務協会、一九六九年
大阪地方職業紹介事務局「灘酒造業と労働事情」同局、一九二六年
小野晃司『日本産業発達史の研究』至文堂、一九四一年
加護野忠雄ほか編『伝統と革新―酒類産業におけるビジネスシステムの変貌―』千倉書房、一九九一年
加藤百一『酒は諸白―日本酒を生んだ技術と文化―』平凡社、一九八九年
「角川日本地名大辞典」編纂委員会『角川日本地名大辞典 岡山県』角川書店（一九八九年）、『同 京都府』（一九八二年）、『同 兵庫県』（一九八八年）
狩場三郎『日本醸界年鑑―昭和四七年度版―』日本醸界新聞社、一九七二年
月桂冠株式会社社史編纂委員会編『月桂冠三百六十年史』同社、一九九九年
神戸税務監督局編『灘酒沿革誌』一九〇七年
国税庁鑑定企画官室・国税庁各国税局鑑定官室「昭和六二酒造年度清酒製造業者の設備・機械調査結果について（その1）」（『日本醸造協会誌』第八四巻第二号）、「平成四酒造年度清酒製造業者設備・機械調査結果について」（『日本醸造協会誌』第八九巻第二号）
国税庁醸造試験所『醸造試験所七十年史』同所、一九七四年
国税庁税務大学校税務情報センター租税史料室『酒税関係史料集 Ⅰ 明治時代』二〇〇九年、『酒税関

係史料集Ⅱ 大正時代から昭和終戦直後』二〇一〇年
近藤康男編『酒造業の経済構造』東京大学出版会、一九六七年
西条町誌編纂室編『西条町誌』西条町、一九七一年
堺市教育委員会事務局『堺の歴史』同局、一九五七年
坂口謹一郎『日本の酒』岩波新書、一九六四年
坂口謹一郎『古酒新酒』講談社、一九七四年
坂口謹一郎監修『協和発酵工業（株）創立二五周年記念 日本の酒の歴史―酒造りの歩みと研究―』研成社、一九七七年
衆議院参議院編『議会制度百年史 別冊（目で見る議会政治百年史）』大蔵省印刷局、一九九〇年
酒造組合中央会沿革史編集室『酒造組合中央会沿革史』第一編（一九四二年）、第三編（一九七四年）、第四編（一九八〇年）、第五編（一九八三年）
篠田次郎『日本の酒づくり―吟醸古酒の登場―』中公新書、一九八一年
菅間誠之助『酒つくりの匠たち―老杜氏の語る日本の酒―』柴田書店、一九八七年
菅間誠之助編『焼酎の事典 風土が育てた民衆の酒』三省堂、一九八五年
首藤 謙『三潴清酒の沿革』三潴酒造組合、一九五三年
鈴木芳行『首都防空網と〈空都〉多摩』吉川弘文館、二〇一二年
住江金之『日本の酒』河出書房新社、一九六二年
高木藤夫ほか編『酒蔵の町・新川ものがたり―高木藤七小伝―』清文社、一九九一年

高田税務署『上越の酒造出稼人』上越酒造研究会、一九三〇年
田中国太郎編『酒類醤油業興信録　関東、東北、信越、北海道編』酒醤油時事通信社、一九三四年
田中武夫編『信州の酒の歴史』長野県酒造組合、一九七〇年
丹治幹雄編『清酒製造業の現状と課題』大蔵財務協会、一九八四年
弾　舜平『傍訓註解日本酒醸造法』一八八四年
『東京大空襲・戦災誌』編集委員会『東京大空襲・戦災誌』第五巻、講談社、一九七五年
東京都「史料復刻　戦時下「都庁」の広報誌『市政週報』『都政週報』」二〇一〇年
東京都公文書館蔵「当年戦争又は風水災等も有之米価沸騰に付酒造の儀元高の3分の1仕込可申事」慶応4年8月（605. A 3. 01）、「酒造の儀は当年諸国一般不作米価追々沸騰にて及下民難渋たるべく候間向後御沙汰迄は免許高之三分一造と相心得可申旨民部省より達」明治2年（605. A 8. 17）
内務省総務局報告課『内務省統計報告』第一巻　明治17・18年、日本図書センター、一九八八年
長岡市立中央図書館文書資料室編『長岡市史双書№42　長岡の鋳物師・酒造・石工』同室、二〇〇三年
長倉　保「明治十年代における酒造業の動向―酒屋会議をめぐって―」（『歴史評論』一九六一年二月号）
中沢彦七「酒販業界七十年―酒商売今昔噺（ばなし）―」（『大日本洋酒罐詰沿革史　日本和洋酒缶詰新聞創刊七十周年記念号』日本和洋酒缶詰新聞社、一九七四年）
中村隆英「酒造業の数量史―明治～昭和初期―」（『社会経済史学』第五五巻第二号）
中村豊次郎『越後杜氏と酒蔵生活』新潟日報事業社、一九九九年

難波康之祐「江田鎌治郎著『杜氏醸造要訣』解説　強濃醇酒はどこへいった」（江田鎌治郎著『杜氏醸造要訣』菊姫ライブラリー2、日本評論社、二〇〇五年）
新潟県『新潟県史』通史編4、近世二、一九八八年
新潟県酒造従業員組合連合会編『越後杜氏の足跡　連合会結成二〇周年記念誌』同会、一九八六年
西日本文化協会『福岡県史』通史編　近代(1)　産業経済1　福岡県、二〇〇三年
西宮税務署『灘五郷酒造一班』、一九一九年
農林省大臣官房総務課『農林行政史』第八巻、一九七二年
野々村純平ほか編『日本琺瑯工業史』日本琺瑯工業連合会、一九六五年
白鶴酒造株式会社社史編纂室　山片平右衛門編『白鶴二百三十年の歩み』同社、一九七七年
林　春隆『日本の酒』河原書店、一九四二年
原昌道ほか編『灘の酒用語集』灘酒研究会、一九九七年
広島県『広島県史』近世1　通史編Ⅲ（一九八一年）、近代1　通史編Ⅴ（一九八〇年）
広島税務監督局『管内納税施設及慣例調査書』同局、一九二〇年
広島税務監督局内日本醸造協会中国支部編『西條酒造一班』『玉島酒造一班』（一九二〇年）
伏見酒造組合一二五年史編纂委員会編『伏見酒造組合一二五年史』伏見酒造組合、二〇〇一年
壜のあゆみ編集委員会編『壜のあゆみ』大阪硝子壜問屋協同組合、一九七三年
深谷徳次郎「明治前期における酒税改正の史的意義」（『宇都宮大学教育学部紀要』第三八号）
堀田四一編『伏見酒造組合誌』伏見酒造組合、一九五五年

毎日新聞社『酒―九州の灘・城島―』同社、一九六七年
松本春雄『新潟県酒造史』新潟県酒造組合、一九六一年
松山善三『人間三代　佐竹製作所百年史』株式会社佐竹製作所、一九九七年
丸亀税務監督局「四国に於ける清酒腐造の原因と防遏上の要項」同局、一九一七年
三潴町史編さん委員会『三潴町史』三潴町史刊行委員会、一九八五年
最上　宏『日本食糧史考』下巻、最上大、一九九四年
森本孝男・矢倉伸太郎共編『転換期の日本酒メーカー　灘五郷を中心として』森山書店、一九九八年
山本祥一朗『日本酒党の視点』技報堂出版、二〇〇七年
山本祥一朗『日本酒で乾杯―足で集めた酒情報―』技報堂出版、二〇一〇年
柚木　学『日本酒の歴史』雄山閣出版、一九七五年
柚木学監修『伊丹酒造家史料（上）伊丹資料叢書8』伊丹市、一九九二年
柚木　学「日本における酒造業の展開―近世から近代へ―」（『社会経済史学』第五五巻第二号）
柚木　学「山県良蔵訳「地租ヲ削減シテ酒類官売ヲ行フ説」」（『酒史研究』第6号）
柚木重三「江戸時代前半期に於ける幕府の酒税政策」（『商学論究』第一七号、一九三九年）
横地信輔編『東京酒問屋沿革史』東京酒問屋統制商業組合、一九四三年
読売新聞阪神支局編『宮水物語―灘五郷の歴史―』中外書房、一九六六年
吉田富士雄「清酒の級別制度を合理化」（『時の法令』通巻三四五号）
若槻礼次郎「税法審査委員会審査報告」一九〇六年

著者紹介

一九四七年、新潟県に生まれる

一九七四年、中央大学文学部史学科国史学科卒業

一九七八年、中央大学大学院修士課程文学研究科国史学専攻修了

現職　中央大学非常勤講師

主要編著書

『近代東京の水車』（編著、岩田書院、一九九四年）

『蚕にみる明治維新』（吉川弘文館、二〇一一年）

『首都防空網と〈空都〉多摩』（吉川弘文館、二〇一二年）

歴史文化ライブラリー
401

日本酒の近現代史
酒造地の誕生

二〇一五年（平成二十七）五月一日　第一刷発行

著者　鈴《すず》木《き》芳《よし》行《ゆき》

発行者　吉川道郎

発行所　株式会社 吉川弘文館

東京都文京区本郷七丁目二番八号

郵便番号一一三―〇〇三三

電話〇三―三八一三―九一五一〈代表〉

振替口座〇〇一〇〇―五―二四四

http://www.yoshikawa-k.co.jp/

印刷＝株式会社 平文社

製本＝ナショナル製本協同組合

装幀＝清水良洋・宮崎萌美

ISBN978-4-642-05801-8

歴史文化ライブラリー

1996.10

刊行のことば

現今の日本および国際社会は、さまざまな面で大変動の時代を迎えておりますが、近づきつつある二十一世紀は人類史の到達点として、物質的な繁栄のみならず文化や自然・社会環境を謳歌できる平和な社会でなければなりません。しかしながら高度成長・技術革新にともなう急激な変貌は「自己本位な刹那主義」の風潮を生みだし、先人が築いてきた歴史や文化に学ぶ余裕もなく、いまだ明るい人類の将来が展望できていないようにも見えます。

このような状況を踏まえ、よりよい二十一世紀社会を築くために、人類誕生から現在に至る「人類の遺産・教訓」としてのあらゆる分野の歴史と文化を「歴史文化ライブラリー」として刊行することといたしました。

小社は、安政四年（一八五七）の創業以来、一貫して歴史学を中心とした専門出版社として書籍を刊行しつづけてまいりました。その経験を生かし、学問成果にもとづいた本叢書を刊行し社会的要請に応えて行きたいと考えております。

現代は、マスメディアが発達した高度情報化社会といわれますが、私どもはあくまでも活字を主体とした出版こそ、ものの本質を考える基礎と信じ、本叢書をとおして社会に訴えてまいりたいと思います。これから生まれでる一冊一冊が、それぞれの読者を知的冒険の旅へと誘い、希望に満ちた人類の未来を構築する糧となれば幸いです。

吉川弘文館